乡村振兴战略下
农村人居环境与旅游协同发展
研究及案例分析

温莹蕾　著

中国水利水电出版社
www.waterpub.com.cn
·北京·

内 容 提 要

本书通过系统研究国内外农村人居环境建设和乡村旅游发展现状、理论与实践案例，探讨了未来乡村旅游发展的模式，深入剖析了农村人居环境与乡村旅游二者之间的内在关联，在此基础上提出乡村振兴战略指导下，我国农村人居环境与乡村旅游协同发展的系统策略、综合评价指标体系、基本理论，并结合具体案例分析，总结和提出了新时代农村人居环境与旅游协同发展的方法、路径。

本书从生态环境、社会文化、空间形态等方面详细介绍协同发展系统对策，注重过程可控、格局生态、利益共生，内容系统、案例实用。

本书可供乡村振兴、传统村落研究人员和管理人员，以及文化学者使用，还可供高等院校城乡规划、环境设计、旅游等相关专业的师生参考借鉴。

图书在版编目（ＣＩＰ）数据

乡村振兴战略下农村人居环境与旅游协同发展研究及案例分析 / 温莹蕾著. -- 北京 ： 中国水利水电出版社，2023.7
ISBN 978-7-5226-1641-4

Ⅰ．①乡… Ⅱ．①温… Ⅲ．①农村－居住环境－环境综合整治－研究－中国②乡村旅游－旅游业发展－研究－中国 Ⅳ．①X21②F592.3

中国国家版本馆CIP数据核字(2023)第136734号

书　　名	乡村振兴战略下农村人居环境与旅游协同发展研究及案例分析 XIANGCUN ZHENXING ZHANLÜE XIA NONGCUN RENJU HUANJING YU LÜYOU XIETONG FAZHAN YANJIU JI ANLI FENXI
作　　者	温莹蕾　著
出版发行	中国水利水电出版社 （北京市海淀区玉渊潭南路 1 号 D 座　100038） 网址：www.waterpub.com.cn E-mail：sales@mwr.gov.cn 电话：(010) 68545888（营销中心）
经　　售	北京科水图书销售有限公司 电话：(010) 68545874、63202643 全国各地新华书店和相关出版物销售网点
排　　版	中国水利水电出版社微机排版中心
印　　刷	北京市密东印刷有限公司
规　　格	170mm×240mm　16 开本　11 印张　209 千字
版　　次	2023 年 7 月第 1 版　2023 年 7 月第 1 次印刷
定　　价	60.00 元

前言

　　乡村是具有自然、社会、经济特征的地域综合体，兼具生产、生活、生态、文化等多重功能。世界许多国家在城市化过程中都面临乡村衰败的问题，并形成了一系列实证可行的解决模式。我国在城镇化过程中所需应对的问题较之其他国家既有共性，也有个性。近年来，每年的中央一号文件均聚焦于"三农"问题，2017 年 10 月，党的十九大提出"乡村振兴战略"的重大决策部署，旨在实现农业现代化、农村产业革命、农村生态文明建设、乡风文明建设和农村治理现代化，这是人们共同的期望与责任。

　　十几年来，我一直关注美丽乡村、新农村建设以及乡村旅游的研究。从 2002 年开始，在山东省临沂市沂南县竹泉村的设计开发中，进行了乡村旅游与新村、老村融合发展的研究，获取了一些经验。之后，连续规划、设计了朱家峪村、井塘村、龙湾峪村、大梨峪村、徐公店村、宝石峪村、三山沟村、竹泉峪村以及西迭湖村、西辛安村等十几个类型不同的乡村。2017 年承担了高校科技项目，探索鲁中山区传统民居聚落传承及更新的技巧与经验，以及如何引导当地民居向可持续发展的方向改进保护，延续传统村落乡土景观，积极引导农民发展经济，形成的研究报告、技术导则以及技术图集得到了同行专家的高度评价。

　　2019 年，我承担的山东省社科项目是基于乡村振兴国家战略，探讨农村人居环境及乡村旅游协同发展的策略方法，在研究及设计过程中，从居住环境、基础设施到旅游策划、业态产品，一直到产业融合、城乡协同、生态宜居、文化赋能，研究领域和深度在不断扩展，新课题、新问题不断产生，随着产业规模的扩大，乡村旅游战略统筹角色如何转变？在城乡融合发展过程中，农村的基础设施和公共服务设施建设如何与城市发展一体谋划设计并实施？生态宜居乡村发展中生态要素与特色文化如何保护传承，并培育为乡村发展的新动能？……这些都是解决乡村在现代化转型过程中所面临的各种各样的问题，也是我一直试图探索的答案。

本书的完成，可以说源于本人十几年在实践和研究中的思考，但更要感谢出版社杨薇编辑和周玉枝编辑给予的鼓励和不厌其烦的书稿矫正；感谢山东工艺美术学院建筑与景观设计学院李文华院长给予的指导和帮助；感谢在乡村规划设计中合作的"乡村设计师"刘治平所长提供的宝贵资料和大力支持。这些年，一直跟随我学习并设计实践的成佳霖、董颖、董凯、黄文君、王凯、吕顺利、苏雨嘉、刘亮廷、哈鲁宁等同学，他们在乡村调研、设计和书稿写作过程中帮我整理资料，付出了大量劳动，在此一并感谢。

经过这些年的积累，有了一些体会，整理出来结集成册，这些只是不成熟的所感及实践，不足之处，敬请谅解。

著者

2023 年 5 月

目录

前言

第一章 乡村振兴战略概述 ……………………………………………… 1
　一、引文 …………………………………………………………… 1
　二、乡村振兴战略的意义 ………………………………………… 5
　三、乡村振兴战略的发展历程 …………………………………… 6
　四、乡村振兴战略的内涵 ………………………………………… 9

第二章 农村人居环境与乡村旅游 ……………………………………… 11
　一、农村人居环境 ………………………………………………… 11
　二、乡村旅游 ……………………………………………………… 20
　三、农村人居环境与乡村旅游发展中出现的问题 ……………… 32
　四、乡村旅游与农村人居环境要素的协同关系 ………………… 34

第三章 乡村振兴战略下农村人居环境与乡村旅游的发展特征 ……… 43
　一、产业融合 ……………………………………………………… 43
　二、城乡融合 ……………………………………………………… 45
　三、生态宜居 ……………………………………………………… 48
　四、利益协调 ……………………………………………………… 50
　五、文化赋能 ……………………………………………………… 53

第四章 乡村振兴战略下农村人居环境与旅游发展的理论研究 ……… 61
　一、乡村振兴战略下两者可持续发展的定位 …………………… 61
　二、乡村振兴战略下两者可持续发展的策略 …………………… 65

第五章 乡村振兴战略指导下农村人居环境与乡村旅游协同发展体系
　　　　构建 …………………………………………………………… 77
　一、生态环境体系 ………………………………………………… 77
　二、社会文化体系 ………………………………………………… 85
　三、空间形态体系 ………………………………………………… 91

第六章　农村人居环境与旅游协同发展规划设计案例分析 ·················· 115

　　一、生态文化资源丰富型的乡村 ······························· 115

　　二、景村融合发展型的乡村 ································· 127

　　三、文化创意赋能的乡村 ····································· 143

附录　《农村人居环境整治三年行动方案》 ······················· 159

参考文献 ··· 166

第一章

乡村振兴战略概述

一、引文

乡村，是具有自然、社会、经济特征的地域综合体，兼具生产、生活、生态、文化等多重功能。《辞源》一书中，乡村被解释为主要从事农业、人口分布较城镇分散的地方。以美国学者 R. D. 罗德菲尔德为代表的部分外国学者指出，"乡村是人口稀少、比较隔绝、以农业生产为主要经济基础、人们生活基本相似，而与社会其他部分，特别是城市有所不同的地方"[1]。乡村与城镇互促互进，互存共生，共同构成人类活动的主要空间，展望 2035 年，我国将进入城市化社会，会有约 10 亿人口居住在城市，形成世界上最大的城市群，而农村依然有 4 亿多人口，农民的数量依然庞大，因此，很长一段时间内农村仍然是我国城市化与现代化建设的主要场所[2]。

从发达国家的发展历史来看，无论是过去的 100 年还是最近的 30 余年，在繁华的大都市背后，衰落的乡村成为城市发展之殇。1967 年，法国著名农村社会学家孟德拉斯在《农民的终结》一书中写道，"20 亿农民站在工业文明的入口处，这就是在 20 世纪下半叶当今世界向社会科学提出的主要问题。"[3]

《马克思恩格斯选集》的第 1 卷写道，"我们的小农，同过了时的生产方式的任何残余一样，在不可挽回地走向灭亡""资本主义的大生产将把他们那无力的过时的小生产压碎，正如火车把独轮手推车压碎一样是毫无问题的"[4]。《列宁选集》的第 37 卷中提及，"在现代资本主义国家的环境中，小农的自然经济只能苟延残喘并慢慢地在痛楚中死去，绝对不会有什么繁荣。"[5] 从伟人们的话中可以发现，农村的衰败是不可避免的。

在人类文明史上，农村衰落是城市化和工业化的必然结果，有两种形式：

"英国羊吃人"和拉丁美洲的高度城市化[6]。英国工业革命促进了人类文明的巨大进步，也使英国自身得到了快速发展，但牺牲了农民的利益。殖民地的迅速扩张使英国在羊毛生产和纺织品生产方面获得了巨大的市场空间。为了满足新市场的需要，殖民统治者迫使广大农民破产，农田变成牧场，农民被迫变成工人，这就是被历史学家称为"羊吃人"的工业发展道路，也是英国农村衰落的根本原因。拉丁美洲农村衰落很大程度上归结于过度城市化。拉美国家的城市化速度明显超过了工业化的速度，有的国家甚至走上了没有工业化的城市化道路。政府放弃了农村建设，农民自己也放弃了他们的家园。大量农民涌入城市，导致城市人口过度增长。城市建设速度落后于人口增长速度，不能为居民提供足够的就业机会和必要的生活条件。除了殖民时代的城市中心为富人所有外，大量的穷人生活在城市郊区的"贫民窟"。政府和农民自己都抛弃了农村，使农村严重衰退。

从我国历史的角度来看，乡村社会的"兴"与"衰"基本可以这样定义，"盛世"应该是唐宋[6]。唐宋时期，我国封建社会进入黄金时代，经济生活稳定富足，其特点是农村农民自给自足的自然经济，以血缘关系为基础的乡绅治理结构日益完善，以孔孟之道、理学为核心价值的社会思想深入人心，这一时期我国乡村社会从经济、政治、文化三个方面达到了顶峰。"衰落"发生在元明清时期。元朝统治者以游牧的军事统治来统治被征服的农业社会，导致了我国传统农村社会的空前毁灭。明朝的专制集权扼杀了我国乡村社会复兴的活力。清朝的黑暗统治使我国农村社会彻底衰落，特别是1840年鸦片战争以后列强的入侵，使我国农村社会在封建主义和帝国主义的双重压迫下，进一步加快了衰落的步伐。正如鲁迅在《故乡》中所描述的[7]"……黄色的天空下，远远近近地躺着几个荒凉的村庄，没有生气"，这是近代中国农村衰落的真实写照。

"振兴"和"衰落"是对立的。农村的"盛"与"衰"是一对矛盾，有盛有衰，有时"衰"与"盛"相互转化。如何借鉴人类文明史上的经验教训，使城乡发展相互补充、相互促进，是值得思考的问题。

20世纪90年代以来，我国农村发生了翻天覆地的变化。改革开放使我们获得了巨大的物质财富，与此同时，也改变了我国的社会结构和自然景观。2.6亿农民工进入城市，城乡人口流动发生了许多变化。中青年劳动力进入城建市场，很大程度地改变中国的社会结构。根据住房和城乡建设部《全国村庄调查报告》数据显示，1978—2019年，我国行政村总数从69万个减少到54万个，自然村总数从1984年的420万个减少到2019年的251万个，年均减少5万个。根据国家统计局《2021年国民经济和社会发展统计公报》，我国人口普查城镇化率已达到63.9%，与第六次人口普查相比，上升了14.21个百分点。城镇化进程稳步推进，由于城市能提供更多的工作机会、更高的薪酬和更优质的生活环境，农村人口大量向城市转移，2020年我国城市中的农民工约有2.85亿人。农村人口大量减少，导致村庄空心化、人口老龄化、土地抛荒、房屋闲置等问题日趋严重。据统计，当前我国农村宅基地的闲置率超过10%，每年约有200万公顷的农田被弃耕。在过去的20多年里，我国2/3以上的农村小学已经关闭，有90余万个村庄消失在城镇化进程中。

我国目前正处于并长期处于初级阶段，其特征很大程度上表现在乡村；人民日益增长的美好生活需要和不平衡不充分的发展之间的矛盾，在乡村尤为突出。乡村兴则国家兴，乡村衰则国家衰，全面建成小康社会和全面建成社会主义现代化强国，最艰巨、最繁重的任务在乡村；最广泛、最深厚的基础在乡村；最大的潜力、最强劲的后劲也在乡村。"三农"问题一直是党和政府最为关注的首要问题。

党的十九大报告提出实施乡村振兴战略，把这一战略与科教兴国战略、人才强国战略、创新驱动发展战略、区域协调发展战略、可持续发展战略、军民融合发展战略并列为党和国家未来发展的"七大战略"，足见其重要程度。作为国家战略，它体现出全局性、长远性、前瞻性，是国家发展的核心和关键问题。乡村振兴正是关系到我国是否能从根本上解决城乡差别、乡村发展不平衡不充分的问题，也关系到我国整体发展是否均衡，是否能实现城乡统筹、农业一体的可持续发展的问题。

从历史角度看，这一战略的提出是在新的起点上总结过去，谋划未来，深入推进城乡一体化发展，提出新要求、新蓝图；从理论角度看，这一战略的提出是深化改革开放、实施市场经济体制，系统解决经济问题的重要抓手；从实践角度看，这一战略的提出满足老百姓的新要求，以人民为中心，把农业产业搞好，把农村环境建设搞好，把农民需求服务好，全方位地提高人民的生活品质，扎实解决乡村的产业经济、人居环境、文化发展等各方面的现实问题等，这是党应对"现代化陷阱"挑战的及时响应[2]。

乡村振兴战略提出坚持农村优先发展，按照实现产业兴旺、生态宜居、乡风文明、治理有效、生活富裕的总要求，推动城乡一体、融合发展，推进农业农村现代化。乡村的发展必然要有兴旺发达的产业支撑，只有在乡村实现因地制宜、突出特点、发挥优势，形成具有市场竞争力又能可持续发展的现代农业产业体系，乡村才能有活力，经济才能大发展；要在乡村振兴战略实施过程中，充分科学合理利用自然山水资源，有效保护生态环境，去除乡村生活陋习，治理美化乡村生活环境，真正使乡村成为山清水秀、天高云淡、风景如画的充满希望的田野和生态宜居的美丽乡村；要弘扬乡土气息的优秀传统文化，树立社会主义核心价值观的新风尚，使整个乡村社会更加互助发展，乡邻和睦，乡风文明。乡村治理是社会治理的最基础，要坚持法治、德治、村民自治相结合的治理结构，让村民牢固树立法治意识，做遵纪守法的好公民，要弘扬和传承优良的传统道德观，把尊老爱幼、济贫扶弱、维护公益作为道德标准去衡量。每一个村民的言行举止，要把乡规民约、村民自治整合起来，在保障宪法和法律实施的基础上，把乡村治理结构中的切合当地实际的村民自治与法治、德治结合起来，形成治理有序的规范体系。只有有效提高人民生活水平，实现人民对美好生活的向往，让每个人有尊严地生活在我们社会主义国家大家庭里，这才是实施乡村振兴的出发点和归宿。

产业兴旺意味着生活的富裕。产业的发展是劳动分工不断深化的结果，农村的产业需要更好地参与到经济大市场的产业分工中，农村的资源需要在更大的市场空间中得到充分的利用，以此保障作为资源所有者的农民能够得到更多的收入，获得富裕的生活。生活富裕构成乡风文明和治理有效的基础，生活富裕了，人与人之间的关系就会融洽，亲情更浓；生活富裕了，相互间的争执就会减少，相互间公共事务的协作也容易达成。归根到底，生活富裕了会带来价值观的改变，由此带来乡风文明的进步和有效的治理。产业兴旺与生活富裕促进生态宜居的形成，只有生活富裕达到一定程度，农民才会重视干净的空气、宜人的景色、舒适的环境、适宜的密度、便捷的交通等生活设施条件，也才会认识到这些生态宜居要素的价值。只有产业兴旺了，农民也才有能力通过生产、生活等方式的改造，来完善生态环境，实现全方位的生态宜居。生态宜居的改善，会吸引更多的外来游客和投资观光者，推动旅游等产业的发展；乡风文明的提升会提高农村农民的软实力，进而促进农民收入水平的提高和农业产业的进步；社会治理的改善会激发村民积极性，也会鼓励部分现代乡村精英回流反哺，共建乡村。乡村振兴的五个要素不是简单的并列关系，产业兴旺、生活富裕对于其他三方面具有基础性的意义，也能从其他三方面的发展中获得长足推进的动力，进而形成良性互动的发展格局[8]。

乡村振兴展示出农村现代化的新任务，乡村不仅仅只有农业，乡村的经济、政治、文化、社会、生态全方位的提升与发展才是未来乡村的发展方向。乡村振兴在战略层面上的重要性和全局性不言而喻，在具体操作层面上也需要我们科学对待。首先是对产业兴旺的全面认知，发展生产力、夯实经济基础是农业现代化的第一要务。在不同的发展阶段，发展生产力的着力点有所侧重，农业不仅是提供物质产品的产业，也是能够提供非物质产品的产业，如乡村旅游、互联网＋等新产业形态，都是农业产业覆盖的内容，产业兴旺也需要让这些产业兴旺发达起来。其次产业兴旺的主要目的是将经济社会发展的利益更多地留给农民和农村，参与农业产业发展的各项要素要围绕基本的农业生产要素展开，既要保证农村在产业发展中经济发展的效率，还要保证农业的基本地位、农民的基本增收，这也是避免在发展农业经济过程中，出现的非农产业的高额利润导致农村劳动力和农业资本弃农而去的覆辙。

生态宜居包括村容村貌整洁有序，村内水、电、路等基础设施的完善，义务教育、新农合以及新医保等基本公共服务的改善，同时还包括以敬畏自然、顺应自然、保护自然的生态文明理念纠正单纯以人工生态系统替代自然生态系统的行为；保护生态环境，治理环境污染，减轻生态压力，实现人与自然的和谐相处，让乡村人居环境绿起来、美起来[9]。

二、乡村振兴战略的意义

1. 实施乡村振兴战略的本质是回归并超越乡土

我国本质上是一个农业国，农业国其文化的根基就在于乡土，而村落则是乡土文化的重要载体。振兴乡村的本质，便是回归乡土中国，同时在现代化和全球化背景下超越乡土中国。

2. 实施乡村振兴战略，本身是对近代以来充满爱国情怀仁人志士们理想的再实践、再创造

20世纪30年代，兴起了由晏阳初、梁漱溟、卢作孚等为代表发起的"乡村建设运动"。诚如梁漱溟所言，乡村建设运动，是由于近些年来的乡村破坏而激起的救济乡村运动。梁漱溟的乡村建设方案是把乡村组织起来，建立乡农学校作为政教合一的机关；向农民进行安分守法的伦理道德教育，达到社会安定的目的；组织乡村自卫团体，以维护治安；在经济上组织农业合作社，以谋取乡村的发展，即"乡村文明""乡村都市化"，并达到全国乡村运动的大联合，以期改造中国。晏阳初是另一位"乡村建设"的重要理论和实践倡导者，晏阳初发起并组织了一批志同道合的知识分子，率领他们进行"博士下乡"，到河北定县农村安家落户，在乡村推行平民教育，以启发民智来实现他的"乡村建设"理想。他提出以文艺教育治愚，以生计教育治穷，以卫生教育治弱，以公民教育治乱，以此达到政治、经济、文化、自卫、卫生、礼俗"六大建设"。再一位乡村建设运动的倡导者便是卢作孚，他是一个实业家，他认为中国乡村衰败的根本在于乡村缺乏实业作支撑，于是他在重庆北碚开展了一系列的实业救乡村的活动，在那里修建铁路、治理河滩、疏浚河道、开发矿业、兴建工厂、发展贸易、组织科技服务，进而探索以经济发展来推动乡村建设。

虽然他们的实践在抗战烽火中被中断，即使不被中断，实践也必然会失败。

因为不从根本上改造中国社会，没有一个人民当家作主的人民共和国，爱国知识分子们的满腔热血最终只会化为一盆冰水。但是，他们提出的发展乡村教育以开民智，发展实业以振兴乡村经济，弘扬传统文化以建立乡村治理体系等思想，无疑是十分有益的尝试，对于我们今天实施乡村振兴战略仍然有着启示作用。

3. 实施乡村振兴战略，核心是从根本上解决"三农"问题

中央制定实施乡村振兴战略，是要从根本上解决目前我国农业不发达、农村不兴旺、农民不富裕的"三农"问题。通过牢固树立创新、协调、绿色、开放、共享的发展理念，达到生产、生活、生态的"三生"协调，促进农业、加工业、现代服务业的"三业"融合发展，真正实现农业发展、农村变样、农民受惠，最终建成看得见山、望得见水、记得住乡愁、留得住人的美丽乡村、美丽中国。

4. 实施乡村振兴战略，有利于弘扬中华优秀传统文化

我国文化本质上是乡土文化，中华文化的根脉在乡村，我们常说乡土、乡景、乡情、乡音、乡邻、乡德等，构成我国乡土文化，也使其成为中华优秀传统文化的基本内核。实施乡村振兴战略，也就是重构我国乡土文化的重大举措，也就是弘扬中华优秀传统文化的重大战略。

5. 实施乡村振兴战略，是把中国人的饭碗牢牢端在自己手中的有力抓手

我国是个人口大国，民以食为天，粮食安全历来是国家安全的根本。习近平总书记说"把中国人的饭碗牢牢端在自己手中"，就是要让粮食生产这一农业生产的核心成为重中之重，乡村振兴战略就是要使农业大发展、粮食大丰收。要强化科技农业、生态农业、智慧农业，确保18亿亩耕地红线不被突破，从根本上解决我国粮食安全问题，而不会受国际粮食市场的左右，从而把中国人的饭碗牢牢端在自己手中。

党的十九大报告把乡村振兴战略作为党和国家重大战略，这是基于我国社会现阶段发展的实际需要而确定的，是符合我国全面实现小康，迈向社会主义现代化强国的需要而明确的，是中国特色社会主义进入新时代的客观要求。乡村不发展，中国就不可能真正发展；乡村社会不实现小康，中国社会就不可能全面实现小康；乡土文化得不到重构与弘扬，中华优秀传统文化就不可能得到真正的弘扬。所以振兴乡村对于振兴中华、实现中华民族伟大复兴中国梦都有着重要的意义。

三、乡村振兴战略的发展历程

如何应对城乡一体化，避免走其他国家在城市化进程中走过的弯路，走出中国特色城镇化道路？近年来，党和政府采取了一系列措施，进行了有益的探索，如提出城乡统筹、城乡一体化发展、新农村建设、美丽乡村建设、特色小镇建设等。党的十九大报告提出的乡村振兴战略，就是这一系列探索的结晶。乡村振兴展示出农村现代化的新任务，乡村不仅仅只有农业，乡村的经济、政治、文化、社会、生态全方位的提升与发展才是未来乡村的发展方向。大致梳理有如下内容：

一是"两山理论"的提出。2005年8月15日，时任中共浙江省委书记的习近平同志在安吉县余村调研时提出，"我们过去讲既要绿水青山，又要金山银山。其实，绿水青山就是金山银山。"这便是如何正确处理生态保护与发展经济相互关系的著名的"两山理论"。

二是"记住乡愁"的呼唤。2013年12月12—13日，中央城镇化工作会议在北京召开，习近平总书记到会并作重要讲话，他指出，"要依托现有山水脉络等独特风光，让城市融入大自然，让居民望得见山、看得见水、记得住乡愁。"他还指出，"要注意保留村庄原始风貌，慎砍树、不填湖、少拆房，尽可能在原有村庄形态上改善居民生活条件；要传承文化，发展有历史记忆、地域特色、民族特点的美丽城镇。"

三是明确"新农村建设原则"。2015年1月，习近平总书记在云南考察时提出，"新农村建设一定要走符合农村实际的路子，遵循乡村自身发展规律，充分体现农村特点，注意乡土味，保留乡村风貌，留得住青山绿水，记得住乡愁。"

四是寻找脱贫攻坚的新路子——大力发展乡村旅游。2017年10月19日，习近平总书记参加贵州省代表团审议报告讨论时说，"脱贫攻坚，发展乡村旅游是一个重要渠道。要抓住乡村旅游兴起的时机，把资源变资本，实践好绿水青山就是金山银山的理念。同时，要对乡村旅游做分析和预测。如果趋于饱和，要提前采取措施，推动乡村旅游可持续发展。"

五是要把厕所革命这项工作作为乡村振兴战略的一项具体工作来推进。2017年11月，习近平总书记对旅游系统推进"厕所革命"工作取得的成效作出重要指示，"两年多来，旅游系统坚持不懈推进厕所革命，体现了真抓实干、努力解决实际问题的工作态度和作风……厕所问题不是小事情，是城乡文明建设的重要方面，不但景区、城市要抓，农村也要抓，要把这项工作作为乡村振兴战略的一项具体工作来推进，努力补齐这块群众生活品质的短板。"

六是在构建国土空间规划体系背景下，较为重视"多规合一"的实用性村庄规划，将其作为乡村振兴的一项重点工作。2018年中央一号文件提出，"科学把握乡村的差异性和发展走势分化特征，做好顶层设计，注重规划先行、突出重点、分类施策、典型引路""加强各类规划的统筹管理和系统衔接，形成城乡融合、区域一体、多规合一的规划体系"。2019 年提出要按照先规划后建设，通盘考虑土地利用、产业发展、居民点建设、人居环境整治、生态保护和历史文化传承，注重保持乡土风貌，编制多规合一的实用性村庄规划。2021 年提出编制村庄规划要立足现有基础，保留乡村特色风貌，不搞大拆大建。按照规划有序开展各项建设，严肃查处违规乱建行为。2022 年提出统筹城镇合村庄布局，严格规范村庄撤并。2023 年 2 月，作为 21 世纪以来我国第 20 个指导"三农"工作的中央一号文件，在第七部分第二十四条中再次强调加强村庄规划建设，并提出合理划定村庄建设边界、将村庄规划纳入村级议事协商目录、推进全域土地综合整治、盘活存量集体建设用地、编制村容村貌提升导则、制定农村基本具备现代生活条件建设指引等新提法新要求。

乡村振兴战略的实施是一个不断积累、不断丰富的过程。在国家行政管理和具体执行层面，采取了一系列具体措施，如下所述：

一是大力推进"美丽乡村"建设。2005 年 10 月，十六届五中全会提出建设社会主义新农村的重大历史任务，提出"生产发展、生活宽裕、乡风文明、村容整洁、管理民主"的具体要求。

二是社会主义新农村建设。2007 年 10 月，党的十七大提出"要统筹城乡发展，推进社会主义新农村建设"。在社会主义新农村建设的总体要求下，2008 年浙江安吉县正式提出"中国美丽乡村"计划，出台《建设"中国美丽乡村"行动纲要》。

三是特色小镇建设。2016 年 2 月，《国务院关于深入推进新型城镇化的若干意见》（国发〔2016〕8 号）明确提出，充分发挥市场主体作用，推动小城镇发展与疏解大城市中心城区功能相结合、与特色产业发展相结合、与服务"三农"相结合。发展具有特色优势的休闲旅游、商贸物流、信息产业、先进制造、民俗文化传承、科技教育等魅力小镇。此后，住房和城乡建设部、国家发展改革委、财政部等中央部委出台系列文件对特色小镇建设提出了许多指导性意见和工作要求。

四是大力推进"田园综合体"试点工作。2017 年 2 月 5 日，中央一号文件中指出，支持有条件的乡村建设以农民合作社为主要载体、让农民充分参与和受益，集循环农业、创业农业、农事体验于一体的田园综合体，通过农业综合开发、农村综合改革转移支付等渠道开展试点示范。2017 年 6 月 5 日，财政部下发《关于开展田园综合体建设试点工作的通知》，决定在河北、山西、内蒙古、江苏、浙江、福建、江西、山东、河南、湖南、广东、广西、海南、重庆、四川、云南、陕西、甘肃 18 个省份开展试点工作。每个试点省份安排 1 个试点项目，按 3 年规划，共安排中央财政资金 1.5 亿元，地方财政资金按 50% 投入，

3 年共投入 2.25 亿元，最终实现"村庄美、产业兴、农民富、环境优"的目的。2018 年 1 月，首批 148 个国家农村产业融合发展示范园创建名单公布；9 月，中共中央、国务院印发了《乡村振兴战略规划（2018—2022 年）》，提出要推进农业循环经济试点示范和田园综合体试点建设，加快培育一批"农字号"特色小镇，推动农村产业发展与新型城镇化的结合。在政策大力支持下，田园综合体迎来一轮建设热潮。

四、乡村振兴战略的内涵

党的十九大报告提出施行乡村振兴战略，要求农村发展以"产业兴旺、生态宜居、乡风文明、治理有效、生活富裕"为目标，城乡关系以"建立健全城乡融合发展体制机制和政策体系"为思路，明确"加快推进农村现代化"的总任务。产业兴旺强调乡村振兴必须有产业作为支撑；生态宜居强调人与自然和谐共生的基础性；乡风文明在内涵上更加强调新时代对优秀传统文化的传承与创新，人的现代化是乡村振兴的前提；治理有效强调乡村振兴必须以农村社会的良治为保障；生活富裕更加强调农民更为富裕的生活是乡村振兴的工作目标。

1. 乡村振兴是民族复兴的战略之一

中华民族复兴需要实施"七大战略"，乡村振兴战略是不可缺少的重要战略。实施乡村振兴战略是中国特色社会主义进入新时代解决城乡发展不平衡、农村发展不充分的要求，是工农和城乡关系演变规律的要求，是决胜全面小康进而实现共同富裕的要求，是习近平总书记关于"三农"思想的一个重要结晶。

2. 乡村振兴战略是一个大的长远战略

实施乡村振兴战略是一项长期而艰巨的工作任务，不是一蹴而就的，不是到 2020 年的几年时间段内就要全面实现乡村振兴。乡村振兴战略分为两个阶段：第一个阶段是从现在到 2035 年基本实现乡村振兴；第二个阶段是 2035 年到 2050 年完全实现乡村振兴。

3. 乡村振兴战略是新农村建设的"升级版"

乡村振兴战略比新农村建设提出了更高的要求，从生产发展到产业兴旺、从生活宽裕到生活富裕、从村容整洁到生态宜居、从管理民主到治理有效，要求和层次均更高。乡村振兴就是要兴产业、兴环境、兴文化、兴社区，实现农村产业的大升级、生态环境的大保护、农耕文明的大发扬、农村社会的大进步，让农业强起来、农村美起来、农民富起来。

4. 乡村振兴战略是发展范式的转换

即由过去单一重视农业现代化范式向农业农村现代化范式转换，由注重生产效率的一元发展范式向更加注重乡村居民的福利、生活和生态的多元发展范式转换，由过去城市偏向的范式向农村优先、城乡融合发展的范式转换，由农村单一发展向农村综合发展转换。

5. 乡村振兴战略是一个多层次、多主体、多方面协同发展的过程

在实施过程中，要从全球化层次、城市层次、农村和农业部门层次、乡村层次、农户层次等相关层次，从政府、农业企业、农户、非政府组织、城镇居民等多元主体，从政治、经济、文化、自然资源、自然景观等多方面内容协同发展。

6. 乡村振兴不是封闭的，而是开放性的

乡村振兴必须既有农村内部资源也有外部资源的双重资源集合，关键路径是城乡融合。城乡融合不是原有意义上的城乡统筹的资源分配过程，不是乡村对城市的被动式的接受，更不是强势的城市对弱势的乡村新一轮的剥夺。城乡融合是城乡资源平等的交换，是城乡产业融合性的一体化发展，是城乡空间差异化条件下的互利性共赢。城乡融合要有更多元的目标，不是以城市元素替代乡村风格，也不是以城市文明代替农村文明，是两者的融合、协调发展。

7. 乡村振兴战略是做好新时代"三农"工作的遵循

乡村振兴战略蕴含着党对当前我国"三农"形势的重大判断和对"三农"工作方略的重大创新，是今后"三农"工作的总揽和"牛鼻子"，是新时代解决"三农"问题的重要途径。

第二章

农村人居环境与乡村旅游

一、农村人居环境

1. 乡村

与城市概念相比而言，乡村是介于城市之间，由多层次的集镇、村庄及其所管辖的区域组合而成的空间系统。较为普遍的共识认为，乡村是兼具自然、社会、经济特征的地域综合体。《汉语大辞典》的释义乡村是"主要从事农业、人口分布较城镇分散的地方"。《城乡规划学名词》中的释义为"具有大面积农业或林业土地使用或有大量的各种未开垦土地的地区，其中包含着以农业生产为主，人口规模小、密度低的人类聚落"。《中华人民共和国乡村振兴促进法》中的界定为"城市建成区以外具有自然、社会、经济特征和生产、生活、生态、文化等多重功能的地域综合体，包括乡（民族乡、镇）、村（含行政村、自然村）等"。

2. 乡村人居文化

乡村人居文化是指围绕乡村的生产、生态、生活展开，村民在日常的生产生活中展开的具有人文内涵实体物质的统称，也是以乡村的地理位置、自然风貌、社会人文以及经济发展等为影响要素形成的乡村人文精神的具体认知。乡村人居文化的体现方式主要分为非物质文化方式以及物质载体传承，鉴于乡村人居文化与乡村空间二者之间的密切联系，乡村空间保护的角度系统保护、利用、传承乡村人居文化，以及从人居环境保护的角度规划、改善、治理乡村空间结合成为乡村人居环境保护研究领域关注的议题之一。美国人类学家雷德菲尔德（Robert Redfield）在《农村社会与文化》（1956 年）[10] 一书中提出，在现代文明中，城市是"大传统"，农村是"小传统"，并且随着文明的发展，农村会不可避免地被城市所蚕食和同化。之后保罗·奥利弗（Pauloliver）[11] 在其著作中提出了被人忽视的乡土建筑不仅是当地而且还是其他地区建筑设计者创作灵感的源泉。可以看出学者们城乡一体化概念，到地区性人居建筑文化研究，以及乡土建筑与文化等，都是尊重不同地区文化而进行比较研究，注重对地区性整体共性特征的分析，重视乡村人居环境中建筑的地位和价值。国内著名学者刘沛林（1998 年）[12] 提出了建立系统的人居文化学的构想，认为真正的舒适宜人而又可持续发展的人居环境的建设，必须有相应的人居文化思想做指导。

（一）农村人居环境相关研究

人居环境是在人类聚居和环境科学两大概念范畴的基础上发展而来，它不仅指人类聚居和活动的有形空间，还包括贯穿于其中的人口、资源、环境、社会政策和经济发展等各个方面。人居环境涉及范围包括乡村、城镇、城市等在内的所有人类聚居地。

乡村人居环境整治是乡村振兴战略的重要内容，关乎乡村居民的身心健康和农村经济社会的发展。近些年，随着国家对乡村人居环境建设的重视与投入，我国乡村人居环境得到了较大的改善，然而与城市相比仍存在较大差距，且我国不同地区乡村情况差异显著，探索适合地区乡村环境与发展模式的乡村建设路径尤为重要。

1. 国外研究

由于工业化引发的环境问题最早出现在英法等西方发达资本主义国家，因此，国外人居环境生态化研究与实践主要体现在这些国家为改善居住环境而进行的。

20 世纪 50 年代，希腊城市规划学家道萨亚斯（C. A. Doxiadis）在其著作中对 20 世纪以来的城市问题及战后重建规划失效的原因进行了系统分析，提出了"人类聚居学"的概念，他把包括乡村、城镇、城市等在内的所有人类聚居作为一个整体进行研究，以便掌握人类聚居发生发展的客观规律。国外真正以"乡村人居环境"为研究内容的成果较少，主要关注方向为：

（1）乡村发展研究。20 世纪 50 年代开始快速城市化，学者从城乡关联和城乡统筹角度研究城市化对乡村的影响。托马斯（Thomas）探讨英国农村交通问题，主张建立政府基金，负责大部分农村服务资金以及用于建立城乡交通网络。20 世纪 70 年代欧美国家城市问题突出，一些城市居民开始移居郊区，随之商业服务也向郊区发展，客观上促进了郊区的发展。乡村空间、景观、基础设施在各种利益的驱动下发生了很大的变化。

（2）乡村转型研究。20 世纪 90 年代，西方进入后城市化阶段。学术界积极探讨乡村转型的相关对策。欧洲共同农业政策（Common Agriculture Policy, CAP）强调国土整理和环境保护，主张退耕还林、修复自然生态环境等。有的学者则强调发展循环经济、自然生态环境保护和创造农村就业的重要性。对人居环境建设的关注始于联合国的《21世纪议程》。联合国"人居环境中心"（UN-habitat）在1996年的《伊斯坦布尔宣言》中提出了可持续的人居环境发展观，强调努力实现城市、城镇和乡村不同层次的人居环境的可持续发展。2004年联合国世界人居日的主题是"城市—乡村发展的动力"（Cities – Engines of Rural Development），再次强调城乡关联发展的重要性，提出城市和乡村的发展是相互联系的，农村地区也应增加适当的基础设施、公共服务和就业机会等。

2. 国内研究

我国古代"天人合一"体现出人与自然和谐相处的思想，证明我国对人居环境的研究具有悠久的历史，但是有关农村人居环境的研究还不够深入。

1993年吴良镛创立"人居环境科学"[13]，以建筑、地境、规划三位一体为核心，构建人居环境的研究框架和学科体系。吴先生从人居环境学科体系的宏观角度，将其分为自然、人类、社会、居住、支撑五个部分。自然系统指气候、水、土地、植物、动物、地理地形、环境分析、资源、土地利用等；人类系统作为个体的聚居者；社会系统指公共管理和法律、社会关系、人口趋势、文化特征、社会分化、经济发展、健康和福利等；居住系统指住宅、社区设施等；支撑系统指人类住区的基本设施[5]。吴良镛并没有直接对"乡村人居环境"本身给出具体的定义与解析，这可能是出于将城乡的人居环境合并考量的意图。

自此，人居环境学研究逐渐成为我国建筑学、城市规划学和景观生态学领域中的一种重要学术思潮，相关研究成果逐年增多，研究也从城市建筑本体转向区域性人居环境的理论与实践、人居技术的应用与开发等视角。新农村建设的全面开展和乡村产业结构的升级调整，为开展乡村人居环境建设和研究提供了良好的条件，研究视野趋向多学科融合研究，其中，乡村人居环境的规划设计、演变规律和建设途径等问题引起了学者们的持续关注。

（1）定义与内涵研究。李伯华等（2008年）[14]将农村人居环境的内涵分解为人文环境、地域空间环境和自然生态环境，三者之间遵循一定的逻辑关联，共同构成农村人居环境的内容。彭震伟等（2009年）[15]将农村人居环境理解为农村社会环境、自然环境和人工环境的共同组成体，是对农村的生态、环境和社会等各方面的综合反映，是城乡人居环境中的重要内容。

（2）乡村聚落研究。早期的研究多于乡村聚落地理和乡村地理，主要偏向于理论研究和宏观研究。随着城市化的快速推进，人们开始关注乡村聚落的演变路径和乡村聚落的重构。王成新等（2005年）[16] 总结了村落空心化发展的三个阶段及其内在机制，从管理、规划、基础设施建设等方面提出相应的对策措施。

（3）乡村环境研究。城市化的快速发展加快了乡村环境的恶化，引起学者关注。甘枝茂（2005年）[17] 研究乡村聚落土壤侵蚀现状和防治对策。经济地理学者探讨区域农村生态环境与农村经济发展问题；人文地理学者从宏观层面研究了乡村生态环境恶化的原因和影响。

（4）乡村文化转型研究。城市化对乡村的影响不仅表现在乡村聚落的演变、乡村环境的恶化，还表现在对乡村传统文化的冲击。社会学和政治学是研究的主导力量。陈玉平（1998年）[18] 研究乡村转型对民俗文化变迁的影响。朱康对（2002年）[19] 认为乡村城市化的过程，实际上是乡村社会分化的过程和城市文化与社会规范对乡村整合的过程，并且这种整合过程往往伴随着矛盾和冲突。此外，顾姗姗在其硕士论文《乡村人居环境空间规划研究》[20] 中综合引用叶齐茂先生的观点，认为构成乡村人居环境的组成要素包含：一是由住宅、基础设施和公共服务设施所构成的建筑环境；二是以自然方式存在和变化着的山川、河流、湖泊、湿地、海洋和除人之外的生物圈构成的自然环境；三是由乡村居民历史活动所创造并反映在建筑环境和自然环境之上的生活方式、生产方式、思维方式和文化特征的人文环境。

综上所述，国内外始终坚持将农村人居环境研究纳入宏观社会经济发展的大背景中，但是对农村人居环境的系统性研究比较薄弱，农村人居环境各构成要素的变化以及要素间的相互作用机制需要全面了解，农村人居环境研究的切入点也需要不断拓展领域，比如与产业经济、社会文化等方面的关联研究。

（二）农村人居环境整治的价值

1. 农村人居环境的整治是实现全面建成小康社会战略目标的根本要求

我国到2020年的奋斗目标是全面建成小康社会，这是实现中国现代化建设"三步走"战略目标中第三步战略目标必经的承上启下的重要发展阶段，是中国共产党提出的"两个一百年"奋斗目标的第一个百年奋斗目标，是实现中华民族伟大复兴中国梦的关键一步。"全面"的丰富含义包括经济、社会、生态各个层面及要素。农村的全面小康既是重点，也是难点，自然包括为农村居民健康提供保障的良好人居环境。

2. 农村人居环境整治是破解新时代社会主要矛盾的有效途径

党的十九大报告中提出，我国社会现阶段主要矛盾已经转化为人民日益增长的美好生活需要和不平衡不充分的发展之间的矛盾。广大农民的收入日益提升，干净整洁的农村人居环境、良好的生态环境、方便的设施配套逐渐成为农村居民日益增长的美好生活的需求。

3. 农村人居环境的提升是实施乡村振兴战略的重要组成部分

党的十九大报告提出实施乡村振兴战略，提出按照"产业振兴、生态宜居、乡村文明、治理有效、生活富裕"的总要求，建立健全城乡融合发展体制和政策体系，加快推进农业农村现代化。2017年中央农村工作会议明确实施乡村振兴战略的目标任务：2020年乡村振兴制度框架和政策框架基本形成；2035年乡村振兴取得决定性进展，农业农村现代化基本实现；2050年，乡村全面振兴，农业强、农村美、农民富全面实现。具体战略中着重提出：在乡村振兴战略实施中，需要继续改善人居环境，其中垃圾和污水处理应列为当前的难点和亟须解决的重点问题。

4. 农村人居环境整治是建设生态宜居美丽乡村的重要内容

2005年10月，党的十六届五中全会通过《中共中央关于制定国民经济和社会发展第十一个五年规划的建议》，提出要按照"生产发展、生活宽裕、乡风文明、村容整洁、管理民主"的要求，扎实推进社会主义新农村建设。其中的村容整洁，是展现农村新貌的窗口，是实现人与环境和谐发展的必然要求。"十一五"期间，全国很多地方按十六届五中全会的要求，为加快社会主义新农村建设，努力实现生产发展、生活富裕、生态良好的目标，纷纷制定美丽乡村建设行动计划并付之行动，并取得了一定的成效。

2008年，浙江省安吉县正式提出"中国美丽乡村"计划，出台《建设"中国美丽乡村"行动纲要》，提出10年左右时间，把安吉县打造成为中国最美丽乡村。2013年，农业部启动了"美丽乡村"创建活动，于2014年2月正式对外发布美丽乡村建设十大模式，为全国的美丽乡村建设提供范本和借鉴。十大模式分别为：产业发展型、生态保护型、城郊集约型、社会综治型、文化传承型、渔业开发型、草原牧场型、环境整治型、休闲旅游型、高效农业型。

生态宜居美丽乡村则是美丽乡村的提升版。推动农村环境卫生治理，贯彻"绿水青山就是金山银山"理念，推动农村人居条件和生态环境同步建成，努力实现美丽生态、美丽经济、美丽生活的"三美融合"。生态宜居意味着农村生态环境安全、友好，生活环境洁净、美丽，村民居住舒适、便利。实现生态宜居，需要硬件与软件建设配套，硬件建设包括房屋、道路、给排水、电力、燃气等农村生活设施建设，环境保护、卫生健康等社会建设，农田、林网等农业基础建设。软件建设包括乡村规划布局、村容村貌、乡风文明、文化传承等方面。

（三）我国农村人居环境发展历程

我国是一个农业大国，党和政府历来重视农村问题，从1949年至今几十年，国家持续加大对农村各项建设的投入，农村人居环境也取得了很大的进步。2014 年 5 月，国务院办公厅发布了《关于改善农村人居环境的指导意见》，这是我国首个专门针对农村人居环境建设的文件，为进一步改善农村人居环境，提出了总体要求、基本原则和具体任务。农村人居环境整治包括农村环境集中连片整治、农村河塘综合整治、农村垃圾专项整治、农村污水处理和改厕、农村周边工业"三废"排放和城市生活垃圾堆放监管治理、实施农村新能源行动等。其中全面推进农村生活垃圾治理、梯次推进农村生活污水治理和村容村貌提升为主攻方向。具体而言，首先，要编制和完善县域村镇体系规划，明确建设标准明确改善的重点和时序；其次，突出重点，循序渐进地进行改善；最后，完善投入、管护和实施机制，保障农村人居环境的改善。

为了更好地推进农村人居环境整治，国家发展改革委、住房和城乡建设部、水利部、中华全国供销合作总社纷纷颁布政策支持农村人居环境整治工作。2020 年，农业农村部、国家发展改革委、财政部、生态环境部、住房和城乡建设部、国家卫生健康委等部门共同展开大检查，发现问题并整改。"十四五"规划指出要开展农村人居环境整治提升行动，解决农村生活垃圾和农村水环境等突出环境问题，农村生活垃圾做好分类管理和资源化利用，农村生活污水治理要梯次推进，农村厕所革命要因地制宜推进，村庄清洁和绿化行动要深入开展。《乡村振兴促进法》（2021 年）规定各级人民政府应"持续改善农村人居环境"。具体包括多元共治主体参与，综合整治农村水系、垃圾分类、污水，鼓励清洁能源，建设生态住房等。2021 年，中共中央办公厅、国务院办公厅印发《农村人居环境整治提升五年行动方案（2021—2025 年）》（2021 年），对未来五年农村人居环境整治提出目标与任务。到 2025 年，"农村人居环境显著改善，生态宜居美丽乡村建设取得新进步。"具体而言，扎实推进农村厕所革命、加快推进农村生活污水治理、全面提升农村生活垃圾治理水平、推动村容村貌整体提升、建立健全长效管护机制、充分发挥农民主体作用、加大政策支持力度、强化组织保障。

1. 新农村建设

2005 年，党的十六届五中全会《中共中央关于制定国民经济和社会发展第一个五年规划的建议》中提出建设社会主义新农村的重大历史任务，为"三农"工作指明了方向，按照"生产发展、生活富裕、乡风文明、村容整洁、管理民主"的要求，推进农村经济建设、政治建设、文化建设、社会建设和党的建设。建议中提出，要加强农村基础设施建设，改善社会主义新农村建设的物质条件。

（1）大力加强农田水利、耕地质量和生态建设；加快乡村基础设施建设，加快农村饮用水安全工程建设，优先解决高氟、高钾、苦咸、污染水及血吸虫病区的饮水安全问题。加快能源建设，适宜地区积极推广沼气、秸秆气化、小水电、太阳能、风力发电等清洁能源技术。大幅度增加农村沼气建设，以沼气池建设带动农村改圈、改厕、改厨。尽快完成农村电网改造的续建配套工程，加强小水电开发规划和管理，扩大小水电代燃料试点规模。推进农业信息化建设，利用整合涉农信息资源，强化广播电视电信等信息服务，抓好"金农"工程和农业综合信息服务平台建设。

（2）加强村庄规划和人居环境治理。从实际出发制定村庄建设和人居环境治理的指导性目录，重点解决农民在饮水、行路、用电和燃料等方面的困难。加强宅基地规划和管理，大力节约村庄建设用地，免费提供经济安全适用、节地节能节材的住宅设计图样。引导和帮助农民切实解决住宅与畜禽圈舍混杂问题。做好农村污水、垃圾处理、改善农村环境卫生，注重村庄安全建设，防止山洪、泥石流等灾害。村庄治理突出乡村特色、地方特色、民族特色，保护有历史文化价值的古村落和古民宅。防止大拆大建，防止加重农民负担，稳步推进农村治理。

（3）指出社会主义新农村呈现在人们眼前的，应该是脏乱差状况从根本上得到治理、人居环境明显改善、农民安居乐业的景象。这是新农村建设最直观的体现。

2.《农村人居环境整治三年行动方案》

2018年，中共中央办公厅、国务院办公厅印发《农村人居环境整治三年行动方案》（简称《方案》），就是要通过加强统筹协调整合各种资源、强化多项举措以稳步有序推进农村人居环境突出问题的治理，让农民群众能够得到更多的幸福感和获得感，为能够如期实现全面建成小康社会目标打下坚实的基础。《方案》中针对目前人居环境中最突出的矛盾，着力聚焦生活垃圾、污水治理和村容村貌的改善提升等重点领域，集中实施治理行动梯次推动山水林田路居的整体改善。

垃圾的治理着力解决农村垃圾乱扔乱放的问题，主要任务是建立健全符合农村实际而方式多样的生活垃圾收运处置体系，推进垃圾就地分类和资源化利用。污水治理着力解决农村污水横流以及水体黑臭等问题，主要任务是推进农村的厕所改革，开展粪污治理、普及农村厕所。村容村貌治理着力解决农村通行不便以及道路泥泞的问题，同时推进公共空间以及庭院环境整治。

因地制宜、分类指导是《方案》中提到的一条基本原则，各地根据实际情况，如民俗、经济以及农民需求等统筹兼顾，明确分区域的目标要求。东部及中西部城市近郊区发展基础条件较好的农村要实现人居环境全面提升，基本实现农村生活垃圾处置体系全覆盖，基本完成农村农户厕所无害化改造。而在偏远地区或经济欠发达地区，在优先保障农民基本生活条件的基础上，基本实现人居环境的干净整洁等要求。

农村人居环境整治的重要保障是资金投入，包括建立地方为主、中央补助的政府投入体系；引导国家开发银行等金融机构提供信贷支持；积极调动社会力量积极参与，推动政府和社会资本的 PPP 模式，通过特许经营等方式吸引社会资本参与农村垃圾污水的处理项目等都是《方案》中提到的强化资金支撑的有效通道。

《方案》还提到加强村庄规划管理，鼓励多规合一；完善建设和管护机制，建立有制度、有标准、有队伍、有经费以及有督查的村庄人居环境管护长效机制；发挥村民主体作用，充分运用"一事一议"民主决策机制，完善人居环境整治项目公示制度，保障村民权益。

3. 《关于推动农村人居环境标准体系建设的指导意见》

2021 年 1 月，市场监管总局等七部委联合印发《关于推动农村人居环境标准体系建设的指导意见》，根据当前农村人居环境发展现状和实际需求，明确了五大方面三个层级的农村人居环境标准体系框架，确定了标准体系建设、标准实施推广等重点任务，提出了运行机制、工作保障、技术支撑、标准化服务四个方面的保障。

（1）指导意见基本原则：

1）总体规划，有序推进。健全农村人居环境标准化统一管理、分工负责、共同推进的工作机制。更好发挥政府作用，调动各地区、各部门积极性，做好农村人居环境标准化工作的顶层设计，有步骤、有计划推进农村人居环境标准体系建设工作。

2）统筹协调，相互配合。统筹考虑农村厕所革命、农村生活垃圾治理、农村生活污水治理、村容村貌提升等农村人居环境整治有关任务的关键要素关系，协调农村人居环境标准体系与其他领域标准体系的关系，相互配合，协调推进。

3）因地制宜，分类指导。根据各地经济社会发展情况，充分考虑标准体系的适用性和实用性，因地制宜制定地方标准，积极转化先进适用的国际标准，提高农村人居环境相关领域标准与国际标准的一致性，做好国际标准、国家标准、行业标准、地方标准等匹配衔接。

4）动态调整，持续优化。按照农村人居环境各领域技术应用和管理服务发展情况，适时对标准体系进行有针对性的动态调整，持续优化标准体系结构，提升标准体系建设的先进性和科学性。

（2）指导意见提出发展目标。到 2025 年，累计创建和培育农村人居环境整治标准化试点不少于 100 个，按需求制修订相关国家标准、行业标准、地方标准，逐步建立健全农村人居环境标准体系，形成协调配套、协同发展的标准化工作机制，为农村人居环境改善提供有效的标准支撑。

（3）指导意见提出的重点任务。建立健全标准体系；系统推进标准制修订工作；加强重点领域标准研制（综合通用标准、农村厕所标准、农村生活垃圾标准、农村生活污水标准、农村村容村貌标准）；推动标准实施推广（鼓励推广应用、树立典型经验、强化反馈评估、加强实施监督）。

（4）指导意见提到的保障措施。完善运行机制；加强工作保障；加强技术支撑；加强标准化服务。

（四）农村人居环境要素

在我国，《美丽乡村建设指南》（GB/T 32000—2015）中指出美丽乡村是政治、经济、文化、社会和生态文明协调发展、规划科学、生产发展、生活富裕、乡风文明、村容整洁、管理民主、宜居宜业的可持续发展乡村。指南中主要从村庄规划、村庄建设、生态环境、经济发展、公共服务、乡风文明、基层组织和长效管理等方面提出了美丽乡村建设的相关要求。关于农村人居环境的改善的政策文件，从 2014 年国务院办公厅印发的《关于改善农村人居环境的指导意见》、2018 年中共中央办公厅、国务院办公厅印发的《农村人居环境整治三年行动方案》，大多是从目标、任务、措施和保障等方面提出的要求，对于具体建设标准的内容在 2016 年住房和城乡建设部出台的《关于开展改善农村人居环境示范村创建活动的通知》里有了明确的界定。我国农村人居环境内部差距比较大，也存在不均衡的现状。在《农村人居环境整治三年行动方案》中对东部、西部、近郊、偏远地区不同区域的乡村提出了不同的发展目标，并对部分农村的人居环境任务进行了量化目标的分解。2021 年发布的《关于推动农村人居环境标准体系建设的指导意见》中，根据农村人居环境发展现状和实际需求，构建内容科学、结构合理的农村人居环境标准体系框架。体系分为三个层级：第一层级包括综合通用、农村厕所、农村生活垃圾、农村生活污水、农村村容村貌标准子体系；第二层级由第一层级展开，包括 6 个综合通用要素、4 个农村厕所要素、4 个农村生活垃圾要素、3 个农村生活污水要素、5 个农村村容村貌要素；第三层级由第二层级展开，对相应标准要素作出进一步细化分类。这些指标元素共同构成我国农村人居环境的建设指标体系，能够客观测度、指导我国农村人居环境的发展建设，为乡村振兴打好基础。

从欧美及东亚日韩的农村发展建设看，不管是哪种类型的农村建设，其建设方式和发展模式，核心均是在规模化、产业化经营模式的同时，保持宜人的乡村生态风光、原生态的人文环境产品以及配套完善的基础服务设施和公共服务设施，均提供良好的交通、教育、医疗等服务水平，实现农村生产、生态、生活各个方面的有机协调，有效缩小城乡差距。在建设标准上，国外的乡村关注点不仅着眼于物质空间形态，而且还涵盖了自然、经济、社会、环境等诸多因素，致力于更好地提高农民的经济收入水平，并减少对生态环境的负面影响。根据叶齐茂《发达国家乡村建设考察与政策研究》相关整理内容可以看到，发达国家判断乡村发展健康与否的标准是多视角的：

视角1：经济的可持续发展。评价标准中强调了功能混合及土地使用的复合性；适合于不同教育背景的多样化的工作机会；适合于不同经济部门和经营规模的进入的产业结构独立的地方经济。

视角2：社区公共设施与服务。评价标准有道路系统是否以公共交通为导向，适合于步行；公共设施是否是人人可以分享的医疗、教育、零售和娱乐设施；建筑空间是否适合不同收入水平的多样化住宅，适合于不同商业和社会机构的用房；开放空间是否有易于接近的街头公园和休闲场所。

视角3：社会的可持续发展。评价标准关注到是否有不同社会群体混合居住；是否有良好的自然环境、丰富的自产农副产品，健康的社区生活；社区是否安全，有交通安全的街道、邻里和睦和相互关照；不同收入水平的人是否有适当的住所。

视角4：社区环境。评价标准是否有美观、步行尺度的景观小品；有吸引力的公共空间。挖掘并保持地方文化特色；有强烈的社区意识。

视角5：自然环境。评价标准包括空气清新、水质安全、有完善的污水处理和回用；土地集约化使用；垃圾特别是有机垃圾在当地有回收措施；交通方便，尽可能减少人们的出行距离，公共交通便捷、有安全方便的步行交通体系。

视角6：生态状态。使用节能型建材，有效节约能源的建筑布局，尽可能在社区范围内共同使用可再生能源；保护生物多样性，给野生动物和植物留有生存空间；尽可能把村庄与周围环境间的循环圈封闭起来，形成生态循环。

二、乡村旅游

产业兴旺是实现乡村振兴的基石，发展现代农业是实现产业兴旺最重要的内容。发展现代农业既要大力发展以提高农业劳动生产率作业、绿色智慧为主的现代农业，又要推进农村一二三产业的融合发展，促进农业产业链外伸，乡村旅游是农业三产融合发展的有机结合点，是增加农民收入和增收机会的重要途径，也是满足居民新消费的需求和促进经济增长的新途径。

2015年中央一号文件提出，要积极开发农业多种功能，挖掘乡村生态休闲、旅游观光、文化教育价值。2016 年中央一号文件强调，大力发展休闲农业和乡村旅游，强化规划引导、设立产业投资基金等方式扶持休闲农业和乡村旅游业发展。2021 年中央一号文件重点提到了"休闲农业""乡村旅游精品线路"和"实施数字乡村建设发展工程"三项内容。

2021 年 5 月发布的《2021 中国休闲度假产业发展趋势报告》显示，在中短途旅游支撑旅游业复苏的情况下，乡村旅游成为满足城乡居民基本旅游需求的一个"压舱石"。据全国乡村旅游监测中心测算，2021 年一季度，全国乡村旅游接待总人次为 9.84 亿，比 2019 年同期增长 5.2%；全国乡村旅游总收入 3898 亿元，比 2019 年同期增长 2.1%。可见乡村旅游市场迎来了好时机。

（一）乡村旅游相关研究

1. 旅游的溯源

研究认为，人类旅游活动从原始社会时期的最初萌芽到逐步出现帝王贵族、达官贵人、文人雅士、宗教人士的享乐旅游、观光旅游、文化旅游以及游学、修行、苦旅等，直到现代旅游产生前，这些活动也只是少数富人和少数特殊群体的个别行为，不具备大众性特征，为其提供服务的社会活动也不具备产业特征[21]。

随着社会进步、经济发展，具备旅游能力和条件的社会群体越来越大，旅游终于由富人的活动转化为一种"广泛与社会经济生活"相联系的社会现象。19 世纪的后半叶，工业革命的发展带来了社会经济的繁荣，改变了人们的工作过程、工作性质，并让人们有了更多的闲暇时间，从而也改变了人们的生活状态。特别是蒸汽机技术在交通运输领域的应用，使人的规模化流动和旅游活动的规模化发展成为可能，也使旅游活动为社会带来了更加可观的经济利益，旅游业开始成为引人注目的新兴行业。

当旅游具备了这种广泛的社会群体特征，具备了与社会经济生活的广泛联系，便具有了大众意义，进入到现代旅游阶段。因此，现代旅游的基本依据，一是社会基础和大众性，二是产业化特征。

关于旅游的概念，从词源学角度，有研究者认为，在西方语系中，"旅游（tour）"一词来源于拉丁语的"tornare"和希腊语的"tornos"，语义是指车床或者圆圈；围绕一个中心点或轴的运动。一般认为，圆圈是从一点出发，再回到起点。所以，旅游就是像圆圈一样，是一种往复的行程，离开后再回到起点；而完成这个行程的人就是"旅游者"。而在中文语系中，"旅游"一词最早出现在南朝梁诗人沈约的《悲哉行》诗中，"旅游媚年春，年春媚游人。徐光旦垂彩，和露晓凝津。时嘤起稚叶，蕙气动初蘋。一朝阻旧国，万里隔良辰"。从诗文中看,"旅游"一词在当时已经有了外出旅行游览的含义。孔颖达《周易正义》中解释,"旅者,客寄之名,羁旅之称;失其本居,而寄他方,谓之为旅"。古代的"游",指的是自由自在、逍遥无为的生活境界,如《庄子·逍遥游》中的"乘物以游心"指的就是这种境界。

从技术性角度定义,从经济学角度,旅游作为一种经济活动,为了实现国民经济统计和国际旅游数据收集以及统计工作的标准化,各国都根据自己的国情和国民经济统计数据收集的需要设定了"旅游"的技术性定义或统计标准。如我国国家统计局和国家旅游局将旅游统计的标准设定为出行距离 10km 以上、时间持续 6h 以上的外出行为。为统一各国统计口径,旅游科学专家国际联合会(International Association of Scientific Experts in Tourism,IASET)曾于 1981 年对旅游进行了定义,是指"由人们向既非永久定居地亦非工作地旅行并在该处逗留所引起的相互关系和现象的总和"。

2. 旅游的本质

谢彦君在其《基础旅游学》[22] 中指出,旅游在根本上是一种主要以获得心理快感为目的的审美过程和自娱过程,是人类社会发展到一定阶段时人类最基本的活动之一。曹诗图在《旅游哲学引论》[23] 书中指出,旅游是为了寻求"身心补偿",即"人们为了寻求身心补偿,以消遣、审美、求知等精神愉悦为主要目的,到他们日常环境之外的地方旅行和逗留的各种身心体验",旅游本质是"异地愉悦体验"。袁美昌在《旅游通论》[24] 中指出,"旅游本质是能够覆盖所有旅游活动全过程的,是旅游者对于获取异样感受的价值追求,即旅游者在出游期间各类感官的求异",认为求异是出于人们本性的需求,是人们出游的选择偏好。王洪滨在《旅游学概论》[25] 中提出,"审美和娱乐的核心本质构成了旅游者的追求目的"。杨振之在《论旅游的本质》[26] 一文中指出,旅游的本质是"人诗意地栖居"。曹国新等在《论旅游学的定义:一种基于本体论的考察》[27] 一文中指出,旅游活动不是人的本能性行为,而是有目的、有意识、有条件地进行的活动,其本质是一种意识形态,是一种属于社会上层建筑的精神力量。

旅游是人的活动,人类社会的发展经历不同的阶段,每个阶段表现出不同的经济与文化特征,对人的出游可能性、可行性、出游过程及出游效果都会产生不同的影响。特别是进入到 21 世纪以来,旅游已成为整个社会的普遍现象,人类社会进入到大众旅游的阶段,旅游跟每个人都发生着联系,并成为生活的组成部分。在我国,20 世纪 80 年代以来,大多数家庭逐渐步入小康生活水平,旅游逐渐成为人们普遍的消费形式与休假方式。旅游的本质可以简述为是以经济支出为手段,以精神愉悦为目的的文化消费活动。

3. 乡村旅游

有专家说,乡村是未来最稀缺的旅游资源,这不无道理。乡村里不仅有恬静优美的自然资源，如同诗人笔下所描绘的"绿树村边合，青山郭外斜""枯藤老树昏鸦，小桥流水人家"……，更有浓厚的农耕文明和多样化的民俗文化。中华民族灿烂的 5000 年文明就是乡村主导的文明，如果说西方文明是从古代工商业经济基础上发展而来的城邦文明开始，那么世界上发展最完善、最成熟、寿命最长的乡村就在中国。现在我国尚保留下来的携带着中华文明密码的 300 多万个古村落，就承载着中华民族不同地域、多个时期仍然存活的文明形态和文明历史。乡村的聚落格局，建筑群以及建筑建制，甚至是雕刻、牌匾等都寄予着文化的意象，这些物质元素是被中华文化滋润了的文化、民宿、科技、教育、美学等多种因素于一体的复合生命体，堪称乡村文化活的载体，是千百年来人们生活生产的栖息地，寄托着乡民居住、劳作、崇文敬天等宗法关系与情感。乡村的民俗文化更是寄予了丰厚活态遗产的财富。也许从工业文明的角度，这是落后的生活方式，但是从生态文明、精神文明与现代旅游角度看，这确是真实、原真、原生的资源，是稳定恬淡、自足坚定的象征。村民们从事的是与自然和谐相处的农业耕作，节奏有序、形神舒缓。这种温情、古朴才具有恒久的价值与传统。乡村的这种闲适性，也正是当下旅游市场所最追求的，未来最为稀缺的资源。

在西方发达国家，早在 19 世纪，乡村旅游作为现代人逃避工业城市的污染和快节奏生活方式发展起来。由于铁路的兴起，乡村与城市间的通达性得到改善，乡村旅游得到发展，早期的乡村旅游地如欧洲的阿尔卑斯山区极为出名，紧接着德国、法国等欧洲国家的乡村旅游也渐成规模，到 20 世纪 70 年代，乡村旅游在美国、加拿大得到蓬勃发展。乡村旅游在发达国家的迅速发展也是与其发展背景分不开，由于工业化和城市化的迅速发展，技术进步及生产方式的改进，农业劳动力需求不断下降，许多乡村地区人口外移、老龄化问题突出，也导致出现乡村社区的衰败。西方发达国家政府也提出一系列的改革措施，发展旅游业就是其中之一，是改变乡村经济结构的重要途径之一。

"乡村旅游"，英语为 Agritourism，经合组织（Organization for Economic Co‐operation and Development，OECD）定义为发生在乡村的旅游活动，其整体推销的核心和独特卖点是乡村性。因此乡村旅游是发生于乡村地区，建立在乡村世界的特殊面貌，经营规模小、空间开阔和可持续发展基础之上的旅游类型。

西方学者对乡村旅游的认识也不尽相同。《可持续性旅游期刊》（Journal of Sustainable Tourism）主编贝纳德·莱恩（Bernard Lane）先生认为乡村旅游是一种复杂的、多侧面的旅游活动，有些在乡村的旅游并不是乡村的，如主题公园和休闲宾馆，城市与乡村并不是截然分离的，而是一个连续体，乡村地区本身也处于动态变化过程中[28]。乡村旅游不仅仅是以农场或农庄为基础的旅游，还包括在乡村进行的运动休闲、科普、保健，以及生态、文化旅游等，其本质特征是具有乡村性，是与较低的居住密度、开阔空间相关联的。贝纳德·莱恩[28]界定的乡村旅游包括几个要点：一是位于乡村地区；二是旅游活动具有乡村性；三是旅游活动建筑规模和活动群体是乡村性的；四是乡村旅游背后的社会结构和文化具有传统特征，旅游活动常与当地居民生活相联系；五是旅游活动受到自然经济历史等因素的影响，呈现出不同的类型，如爬山、观光、探险、度假、漂流、划船、滑雪、垂钓；户外学习，如观察野鸟习性，户外越野等。贝纳德·莱恩还进一步阐述了农业旅游及农庄旅游都是乡村旅游的重要组成形式，在欧洲很多地区得到了很好的发展。还有其他一些专家学者提出，乡村本身不是资源，是介于城市与荒野山地之间的连续体，因此乡村是由于生活在这个连续体中的人们的文化特点而充满魅力，是能够提供都市生活所不能提供的东西而富有吸引力，这也体现出乡村旅游的特质是一种根植于乡村地区的生活方式，即乡村性特点。当然，发达国家的乡村旅游发展如此引人注目，是与其历史发展背景紧密相关的，欧洲的农庄旅游在欧洲已经有百余年的发展历史，20世纪50年代后随着全球旅游业的迅速扩展，乡村旅游的发展更是蓬勃发展。

我国的乡村旅游也是在类似的发展需求条件下，在市场需求的促进下，农业发展继续产业结构调整、寻找新的经济增长点的情况下呈现的重要途径。虽然起步晚，但是发展迅速，特别是乡村旅游作为促进农业经济结构调整、维护农村社会经济可持续发展的重要途径，其发展越来越引起全社会的关注。对乡村旅游的研究也逐渐展开，分布在经济、工业技术、文化教育、农业科学、政治法律、历史地理、环境科学、艺术等多学科。对于乡村旅游的概念界定，不同学者就展开了多方面的探讨。熊凯认为[29]，乡村旅游是以乡村社区为活动场所，以乡村独特的生产形态、生活风情和田园风光为对象系统的一种旅游类型。王兵[30]将乡村旅游定义为以乡野农村的风光和活动为吸引物、以都市居民为目标市场、以满足旅游者娱乐、求知和回归自然等方面需求为目的的一种旅游方式。杜江等[31]在论文中写道：乡村旅游也称为农业旅游，即是以农业文化景观、农业生态环境、农事生产活动以及传统的民族习俗为资源，融观赏、考察、学习、参与、娱乐、购物与度假于一体的旅游活动。而观光农业是以农业活动为基础，农业与旅游业相结合的一种新型交叉产业。是以农业生产为依托，与现代旅游业相结合的一种高效农业。其基本属性为，以充分开发具有观光、旅游价值的农业资源和农业产品为前提，把农业生产、科技应用、艺术加工和游客参与农事活动等融为一体，供游客领略在其他风景区欣赏不到的大自然的浓厚意趣和现代化的新兴农业艺术的一种农业旅游活动。

普遍认知狭义的乡村规划是指乡村地区，以具有乡村性的自然与人文客体为吸引物的旅游活动。它包括两个方面：一是发生在乡村地区；二是以乡村性作为乡村吸引物。乡村旅游还被称为"绿色旅游"，是以保护自然环境，保护原始的人文环境为前提的"生态旅游"。

乡村旅游的特点包括三个方面：一是人口规模小，地域空间辽阔；二是具有乡村性的自然景观，以大片的农业用地与林业用地为主，农村、林区、山村、渔村和牧区等呈现出不同的乡村风貌；三是具有传统的乡村社会文化特征。从社会学角度而言，乡村是以血缘、地缘为主要社会关系的、传统的、地方性的、同质的地域群体。乡村为人类文明提供了丰富的文化价值，其社会文化特征是人类文明的根源，是农耕文明的精髓。乡村是我国传统的宗族文化、建筑文化、农耕文化、山水文化、风俗文化得以存在发展的重要载体。正如我国著名的思想家、哲学家梁漱溟所说，"原来中国社会是以乡村为基础和主体的，所有文化，多半是从农村来"。

乡村旅游业作为现代农业与旅游业相结合的新型旅游服务业，首先在经济发达国家和地区应运而生，如日本、美国、荷兰、英国、法国、瑞士、新加坡等。日本在长期的实践中探索出一些适合本国国情的、比较成功的运行机制，如产业集群化、多样化的财政支持、宽松的土地扶持等。

国内外研究综合梳理：

（1）乡村旅游发展影响因素研究。国外学者研究发现，经济利益、社会文化利益、社区利益、旅游者利益、环境可持续性、社区参与、技术和政治因素等影响乡村旅游的发展。美国的乡村旅游发展的实证研究显示，旅游者满意、环境可持续、雇佣当地人、经济溢出、环境等因素影响美国乡村旅游的发展。国内学者唐召英等（2007 年）[32] 分析我国乡村旅游发展现状，认为观念、规划、项目、旅游资源、环境保护、人才等因素制约我国乡村旅游的发展。吴冠岑等（2013 年）[33] 指出，当前较为严重的问题是收益分配和利用结构失衡。

（2）乡村旅游利益相关者分析。辛普森（Simpson）提出 CBTI（Community Benefit Tourism Initiative）模式，涉及政府、非政府组织、私人企业和社区四个利益相关者。布拉姆韦尔（Bramwell）认为利益相关者的合作是乡村旅游经营成功的关键，鼓励乡村旅游利益相关者相互合作，建立利益相关者网络。

（3）乡村旅游发展驱动机制研究。王娜等（2006 年）认为国家旅游扶贫政策的导向性，国际乡村旅游的示范作用是乡村旅游发展的宏观动力[34]。潘顺安（2007 年）认为乡村旅游动力系统是由乡村旅游需求子系统、供给子系统、媒介子系统和支持子系统组成的复杂系统[35]。

（4）乡村旅游对城乡统筹发展的作用。乡村旅游因具有良好的经济带动作用和社会效益而成为新时期城乡统筹发展的有效手段。郭建英等（2009 年）认为乡村旅游有利于提高农民收入，促进城乡经济融合[36]；有利于构建产业良性互动机制，促进城乡产业融合。王云才等（2005 年）认为乡村旅游在旅游经济与社会发展中都发挥了较大作用，但目前我国乡村旅游功能的定位尚处在对乡村经济的扶持作用上，较少考虑对乡村社会、产业升级、乡村文化的影响[37]。池静和崔凤军（2006 年）认为村民追求短期个体利益所导致的乡村旅游核心资源迅速耗损和旅游品牌资产快速衰减的"公地悲剧"，已经严重地影响了开放型乡村旅游地的可持续性发展[38]。值得注意的是国内部分旅游学者已经意识到旅游业与人居环境之间的互动关系，并进行探索性研究。万静（2009 年）分析了旅游发展与城市人居环境质量之间的内在关系[39]。张骏等（2011 年）通过定量分析发现了人居环境发展水平与城市旅游吸引力呈显著性正相关[40]。杨兴柱等（2013 年）基于城乡统筹的乡村旅游地人居环境建设[41]，并于 2013 年以皖南旅游区为例，分析乡村人居环境质量评价及影响因子。李伯华等（2014 年）对景区边缘型乡村旅游地人居环境演变特征及影响机制进行研究[42]。尽管我国旅游学界开始介入人居环境研究，但其研究成果还相当分散、单薄，乡村旅游地的人居环境问题并没有引起足够的重视，相关的基础理论研究尤显不足。

（二）乡村旅游的发展要素

对于乡村旅游发展来说，传统的旅游六要素"吃、住、行、游、购、娱"，仅仅能满足基本的旅游需求。随着大众需求的不断升级，消费群体年龄的不断年轻化，乡村旅游要素应当适应市场需求的变化而逐步变化。

1. 品赏

品生态美食与赏乡村美景，"品"主要包含五官的体验，人的五种感觉器官：视觉、听觉、嗅觉、味觉、触觉，在五官体验上，乡村旅游必须进行升级，视觉要有冲击性，花海绿廊、乡愁乡景往往成为标配；听觉要有创意，是否有蛙鸣、有鸟叫、有泉水叮咚等；嗅觉上考虑是否可以闻到花香，闻到酒香等；味觉就是最大的消费所在，针对广大吃货，是否具有地道的乡村美食，味蕾的刺激完全可以带活一个村庄，如袁家村年入 10 亿元已经成为争先效仿的标杆；触觉是为了让游客更加充分感知外界世界，通过用手、肌肤等触觉器官感受水的流畅、石的坚硬、光的温暖、玻璃的柔滑等，感受到冷、热、压力，这些感受传到大脑，通过联想、记忆引起一系列的心理感受，更充分体会人与自然的互通互联，获得身心的愉悦与满足。

2. 度假

未来乡村度假将是追求健康生活的一种生活方式革命。体育健身、养生修心成为乡村旅游的重要功能。体育产业拟成为国民经济支柱产业，2025 年规模要超 5 万亿元。随着体育产业与旅游产业的不断融合，会成为乡村旅游的标准配置，目前滑雪、滑冰、滑翔、低空飞行、漂流、溯溪、游泳、攀岩、露营、自行车、徒步、垂钓、马拉松等已经成为游客在乡村旅游二次消费中的主题。另外，养老产业方兴未艾，2020 年我国第七次人口普查数据显示，60 岁以上人口比重占到全国总人口的 18.7%。养老产业已经成为国内外重点发展产业之一，广大风景优美、空气清新的乡村也会成为老年人回归自然、养生度假、实现高端旅居养老的主要场所。民宿发展迅猛，作为一种业态逐渐受到市场主体的追捧。

3. 研学

研学旅行是近年来出现的新词，它延续和发展了古代游学、"读万卷书，行万里路"的教育理念和人文精神，成为素质教育的新方式。2016 年 11 月，教育部等 11 个部门联合发布了《关于推进中小学生研学旅行的意见》，重点是把研学旅行（或研学旅游）纳入了中小学教育教学计划。研学旅行参与者非常广泛，不是仅仅局限于学生群体，包括企事业单位组织员工活动、学校学生素质教育、家庭亲子旅游均可采用研学旅行的方式。研学旅行将爆发一场教育革命，将推进素质教育的实践化、核心素养的体验化、实现大教育环境的社会化，强调教育＋旅游的知行合一，将极大地影响现今国内素质教育的方式。中国旅游研究院 2017 年 10 月 21 日发布《中国研学旅行发展报告》，随着素质教育理念的深入和旅游产业跨界融合，研学旅行市场需求不断释放，我国研学旅行市场总体规模将超千亿元。乡村旅游应不断嵌入研学旅行产品，加大研学自然课堂的教育方式。

4. 乡创

艺术创客、众创众享，乡村旅游的灵魂来自创客的情怀。我国幅员辽阔，乡村差异巨大，随着我国经济的高速发展，雾霾、交通拥堵、热岛等城市病开始暴发，大批城市人口开始返回农村成为"两栖动物"。新一轮的"上山下乡"运动逐步展开，这些创客来自大城市甚至世界各地，以山水为画布，把田园当家园，实践着自己的乡村梦。这些创客类似古代达官贵人的荣归故里，是重塑乡村价值、整合城乡关系的活跃力量，也是乡土的文化自觉与创新意识的有机结合。乡村创客的情怀就是匠人的回归精神，乡村旅游的部分产品如民宿、庄园也是针对小而美的特定市场，这些产品完全是反映创客主人情怀的非标旅游产品。一个创客如艺术家带活一个村庄乡村旅游的案例屡见不鲜，民宿往往也是讲的主人的故事。

5. 娱乐

原有传统旅游六要素中，娱乐就是其中之一。娱乐是人的休闲需求的主要释放空间，具有巨大的消费拉动效应。曾经的影院、KTV、电玩是许多娱乐标配，但是随着"90 后""00 后"消费者的习惯转移，体验业态升级，娱乐业面临大的洗牌。各类体验馆开始引领市场流量，运动类场馆如 NBA 主题乐园、马术俱乐部、滑雪体验馆、蹦床主题乐园等成为引流的利器，娱乐体验馆也面临升级，如魔法城主题乐园、错觉魔幻体验馆、丛林探索馆、室内动物园、3D 体验馆、海洋馆等；VR、电竞体验馆也逐渐兴起；飞行漂浮体验馆开始流行；乡村旅游演艺剧场出现更加生态化、自然化和场景化，从室内剧场式的演艺逐步过渡到山水剧场式"印象刘三姐"等，慢慢过渡到以当地文化为剧本，以自然环境为舞台真实理论下小型场景式的演艺产品，一个乡村旅游区就是一部活态的电影，服务员都可以成为演员。乡村旅游娱乐产品存在巨大的升级空间。

6. 购买

从游客角度来看，强制购物是旅游深受诟病的灰色地带，所以买什么、怎么激发购买欲望成为旅游商品销售重要的研究方面。从产业链角度，旅游商品销售是拉动整个乡村旅游产业链条的关键环节，特别是通过自驾车后备厢工程，消费掉大量的应季农副产品，实现农民利益的有效保护。但是，长期以来，国内旅游商品缺乏特色，走到全国都是"义乌"产，普遍受到游客诟病。从开发设计端开始，用"互联网＋"的思路，对旅游商品产业链进行整体的研究，用互联网集合游客的需求端智慧，才能将乡村旅游商品设计、销售做到极致，真正实现一二三产业的融合发展。

（三）我国乡村旅游的发展概况

1. 发展背景

农家乐的兴起（1980 年中后期至 1994 年）。1986 年，成都"徐家大院"的诞生标志"农家乐"旅游模式拉开乡村旅游的序幕。1989 年 4 月，"中国农民旅游协会"正式更名为"中国乡村旅游协会"；1994 年，"1＋2"休闲制度颁布并实施，也就是每逢大礼拜，可以休息两天，周六、周日休息，逢小礼拜就只休息周日一天，人们的休闲时间增多。

全面发展阶段（1995—2001 年）。在 1995 年我国开始实行双休日，1999 年春节、五一、十一调整为 7 天长假。2000 年，国务院 46 号文明确了"黄金周"概念。1995 年，"中国民俗风情游"旅游主题与"中国：56 个民族的家"宣传口号带人们深入少数民族风情区。1998 年，"中国华夏城乡游"旅游主题与"现代城乡、多彩生活"宣传口号吸引大批旅游者涌入乡村。

纵深发展阶段（2002—2006 年）。2002 年，我国颁布《全国工农业旅游示范点检查标准（试行）》，标志着我国乡村旅游开始走向规范化、高质化。2006 年，我国明确提出"中国乡村旅游年"，将乡村旅游的角色提到了更突出的地位，"新农村、新旅游、新体验、新时尚"全面推进乡村旅游提升发展。2006 年

8月，国家旅游局颁布了《关于促进农村旅游发展的指导意见》，提出乡村旅游是"以工促农，以城带乡"的重要途径。2005年，我国开始实行土地承包经营权流转和发展适度规模经营。2006年，我国健全了土地承包经营权的流转机制。

提升转型与可持续发展（2007年至今）。在2007年，国家规范了土地承包经营权流转，2008年健全承包经营权流转市场，克服了乡村旅游发展受土地制度制约的不足。2007年，"中国和谐城乡游"和"魅力乡村、活力城市、和谐中国"的提出带动了农村风貌大变样。2007年，国家旅游局和农业部联合发布《关于大力推进全国乡村旅游发展的通知》，推动乡村旅游发展。2008年，三次长假调整为"两长五短"模式及带薪休假制度法制化。同年，《中共中央关于推进农村改革发展若干重大问题的决定》，使乡村旅游的经营模式更加科学化、合理化和多样化。2009年，《关于加快发展旅游业的意见》提出乡村旅游富民工程。

近几年，中央一号文件都提到大力发展休闲农业和乡村旅游，提出强化规划引导，采取以奖代补、先建后补、财政贴息、设立产业投资基金等方式扶持休闲农业与乡村旅游发展。国务院又引发《关于加大脱贫攻坚力度支持革命老区开发建设的指导意见》，要求各地区各部门结合实际依托老区良好的自然环境，积极发展休闲农业、生态农业、打造养生养老基地和休闲度假目的地。

2017年，《中共中央、国务院关于深入推进农业供给侧结构性改革加快培育农业农村发展新动能的若干意见》明确指出要大力发展乡村休闲旅游产业，推进"旅游＋"行动。与特色小镇发展命脉一样，乡村旅游关键还在于特色产业发展和产品打造，如此才能打造成为宜居、宜游、宜业的特色乡村。

2. 发展过程

随着我国经济的不断发展，大众休闲需求日益多样化、个性化、碎片化，互联网＋共享经济的到来，市场消费的主体从"70后""80后"逐步转变为"90后""00后"，乡村旅游的要素应适应市场需求的变化而逐步改变。当今乡村旅游已经发展到第三代。

党的十九大宣布中国特色社会主义进入新时代，踏上新征程，我国旅游业发展也进入了新时代，新的时代给我国旅游业发展提供了新机遇，大众休闲旅游时代将更加波澜壮阔。我国主要矛盾已经转化为人民对美好生活的向往与发展不平衡不充分之间的矛盾。旅游业的核心功能围绕满足人民美好生活的精神需求，推进供给侧结构性改革、强文化、促升级、补短板，把旅游业打造为融合五大幸福产业与美好生活的核心抓手。

乡村旅游应服务于国家乡村振兴、精准扶贫与全域旅游等战略，逐步为提高资源利用效率、减少东西部不平衡、缩小城乡差距、修复城乡生态环境等作出贡献，具体有以下几个方面：乡村旅游将农村的生态环境优势转化为生态旅游发展优势以及产业优势，促进乡村人居环境的改善，促进乡村地区人与自然和谐共生的现代化，利于形成节约资源和保护环境的乡村空间格局、产业结构、生产方式和生活方式；乡村旅游成为城市与农村的桥梁，形成资本、人员的流动，拉动农村基础设施改善、公共服务水平提升，带动乡村产业与人口集聚；乡村旅游创造更加美好的旅居生活，缩小城乡差距、补齐农业农村以及全域旅游短板。

1980年，农业观光旅游项目的设计与开发，成为农村地区发展旅游业的重要渠道。1998年，农家乐在我国经济发达地区悄然兴起，成为乡村度假旅游的重要载体，观光旅游升级到度假旅游，成为我国广大农村发展第三产业的重要途径。

乡村旅游的发展阶段：

第一代，乡村观光。在第一产业基础上经过对特色农业、景观农业、设施农业资源的简单开发形成的以观光旅游为主导特征的初级发展阶段，代表性产品是农业观光园、农博园、菜博园、花卉基地等，获得的是以门票为主、附加部分农产销售的初级效益。

第二代，乡村休闲。第一、第三产业融合发展阶段，是在农业资源基础上通过旅游业的嫁接，实现的以观光、休闲、采摘体验为主要产品特征的综合发展阶段，代表性产品有采摘旅游、农耕体验旅游、租赁农场（私家采地）等，实现了"1＋3＝4"的中等效益。

第三代，乡村度假。第一、第二、第三产业的融合发展阶段，是以资源区的农产为原料，通过第二产业的深加工，将农产转化为以食品、饮料为主要品种的工业产品，再通过进一步的创意策划和文化包装，打包成一个具有综合功能的农业休闲度假区，最终出售的是经过两次升级的综合性服务产品——深度文化度假旅游产品，实现的是"1＋2＋3＝6"的最高经济效益。

3. 发展意义

乡村振兴是党的十九大提出的重大战略部署。它的总目标是农业农村现代化，总要求是产业兴旺、生态宜居、乡风文明、治理有效、生活富裕。发展乡村旅游对落实乡村振兴战略的总要求，进而实现乡村振兴战略的总目标具有全方位的推动作用，具体表现在以下五个方面：

（1）发展乡村旅游可以促进乡村产业兴旺。发展旅游不仅可以实现农业的多重价值，还可以推动乡村产业结构转型升级。

（2）发展乡村旅游可以促进乡村生态宜居。旅游业的环境影响相对较小，而且它可以通过实现环境的经济价值促进生态保护与修复。

（3）发展乡村旅游可以促进乡风文明。旅游发展可以推动优秀乡土文化的复兴与发展。乡村旅游地软环境建设则可以提高农民的综合素质。

（4）发展乡村旅游可以优化乡村治理。由于旅游业的综合性，农村旅游社区治理可以在较大程度上促进农村社区治理。

（5）发展乡村旅游可以提高农村居民的幸福感。因为旅游业带动的乡村产业结构升级和乡村公共服务提升可以提高他们的收入水平和生活质量。

（四）我国乡村旅游发展现状与趋势

国内乡村旅游基本类型大致包括以下几类：以绿色景观和田园风光为主题的观光型乡村旅游；以农庄或农场旅游为主，包括休闲农庄、观光果园，茶园、花园、休闲渔场、农业教育园、农业科，普示范园等，体现休闲、娱乐和增长见识为主题的乡村旅游；以乡村民俗、民族风情以及传统文化、民族文化和乡土文化为主题的乡村旅游；以康体疗养和健身娱乐为主题的康乐型乡村旅游。

近年来，随着乡村振兴战略的深入实施，各地乡村旅游如雨后春笋般不断涌现，为农民增收、城乡资源交换、农村经济结构转型提供了新动力。但部分地区的乡村旅游建设仍存在不少问题，如把蜿蜒曲折的溪流改造成宽窄一致的人工河，把形态各异的森林修剪成规规矩矩的景观林，把层层叠叠的梯田打造成横平竖直的人造地……人工雕琢痕迹浓厚，失去了自然味。有些一窝蜂"复制粘贴"，农家小院、稻田艺术、油菜花海、大棚采摘成为"标配"，千篇一律，让游客乘兴而来、败兴而归。

其实，乡村旅游的落脚点是乡村，乡村性和本土性才是吸引游客的"制胜法宝"，应本着立足乡情、因地制宜、因村施策的原则，打好"当地牌"，调出"本土味"，准确把握当地特色元素，充分挖掘以居住地、服饰、饮食、礼仪、游艺等为主的民俗文化，基于此推陈出新，增加伴生产品和衍生产品，打造地域特色浓郁的旅游品牌，确保乡村旅游"形神兼备"。

据相关旅游数据统计，2020年乡村旅游受到新冠肺炎疫情的波及，4月国内乡村休闲旅游业累计接待游客人数及营收仅为2019年同时期的30%，乡村休闲旅游业亟须复苏。新冠肺炎传染同人口密度之间有较强的相关性，确诊患者主要分布在人口密集的城市，随后波及周边的中小城市，人口密度小的乡村受到新冠肺炎疫情的影响较小，尤其是生态良好的乡村。疫情过后，城市居民蜗居了几个月之后，有着强烈亲近自然的意愿。由于国外新冠肺炎疫情的蔓延对我国的出境旅游造成巨大的负面影响，因此带来的需求缺口在很大程度上可以通过国内旅游来弥补，生态环境优良的乡村休闲旅游将会承担更大的责任，发挥更大的作用。

2018 年 9 月，中共中央、国务院印发《乡村振兴战略规划（2018—2022年）》。"产业兴旺、生态宜居、乡风文明、治理有效、生活富裕"，是实施乡村振兴战略的总要求，围绕这一总要求，规划明确阶段性重点任务：发展壮大乡村产业，激发农村创新创业活力；持续改善农村人居环境；传承发展乡村优秀传统文化，推动乡村文化振兴；建立健全党委领导、政府负责、社会协同、公众参与、法治保障；加快补齐农村民生短板，加强农村社会保障体系建设等。

建设休闲农业和乡村旅游是发展乡村产业兴旺的重要任务之一，要求改造一批休闲农业村庄道路、供水、停车场、厕所等设施，梳理和推介一批休闲农业和乡村旅游精品品牌，培育一批美丽休闲乡村、乡村民宿、乡村旅游点等精品。乡村旅游与农村人居环境之间相互依托、相互促进，具有共享资源和较强的时空耦合性。农村人居环境的提升为乡村旅游发展提供了强有力的保障，乡村旅游带动乡村经济的发展，促进农村人居环境的提升。随着乡村旅游业的不断发展，对乡村产业的带动效应将越来越突出，在乡村振兴战略中的地位也将越来越重要，充分发挥乡村旅游业在人居环境提升中的引领和导向作用，可以成为推进农村人居环境持续提升的重要途径。

然而，乡村旅游业快速发展也导致旅游者的大量涌入，出现人地关系矛盾、乡土特色丧失、传统工艺流失、乡村文明发展轨迹消逝以及产品开发雷同等问题，随处可见的仿古一条街，千篇一律的农家果园，备受诟病的"遍地农家乐，餐饮八九家"和"乡村城市化"的案例比比皆是。在此背景下，如何发挥旅游活动改变农村人居环境的既有优势，揭示旅游发展对农村人居环境的潜在威胁；如何寻求旅游快速发展与农村人居环境建设的协同发展，推动具有良好生态环境和突出地方性特色的城乡一体化整合空间形成等问题日益突出。

基于以上问题，本书梳理农村人居环境与乡村旅游发展之间的耦合关联，通过对旅游发展的有效引导与利益主体协调机制研究，寻求人居环境建设路径；研究旅游发展与人居环境建设相结合、有效保护生态环境和合理利用生态资源相结合的协同发展的建设和管理模式，实现乡村经济、社会、环境、文化的协调发展，促进乡村全面振兴，农业强、农村美、农民富全面实现。

三、农村人居环境与乡村旅游发展中出现的问题

目前，在农村人居环境整治过程中，还存在着若干问题，如村容村貌特色消失、资金投入缺口较大、技术适应与地区差异之间存在矛盾，政策传达与地方执行出现偏差等。农村人居环境的地区差异与薄弱水平不仅影响村民的生产

生活，也成为当地生态休闲旅游的短板。

（一）同质化现象严重，村容村貌无序混乱

我国地域辽阔，每个地区的乡村在历史文化、自然山水环境等方面呈现各自特征，但是许多乡村缺乏特色生态文化与农业文化的挖掘，只是粗放的、简单地进行基础设施的建设，人居环境与旅游特色同质现象严重，难以满足游客差异化的旅游需求。随着城市化日益加深，很多乡村自身的特点被淹没，而盲目地去模仿其他地区的建筑风格和景观模式，整体意象受到破坏。

爆炸式的乡村旅游带来许多农村追求短期效益而加快开发速度，盲目的改扩建破坏了生态环境与村容村貌。许多乡村特有的山水聚落格局出现无序混乱的发展态势，传统民居建筑出现"假古董"式的开发，同时部分农村生活垃圾、污水的处理水平难以承载短时间内涌入的大量游客，对自然生态以及村容村貌造成一定程度的破坏。

但是，我国农村人居环境总体质量水平不高，还存在区域发展不平衡、基本生活设施不完善、管护机制不健全等问题，与农业农村现代化要求和农民群众对美好生活的向往还有差距。

（二）基础服务设施不足，精神文化生活匮乏

很多乡村旅游服务水平质量低，一方面体现在餐饮住宿设施、供水设施、网络条件、医疗设施、道路停车设施、标志导识系统等设施条件的欠缺与不足，这些农村人居环境支撑内容的薄弱，难以保障乡村旅游的持续发展。另一方面也包括社会文化设施的不全，究其原因：一是由于资金问题，在文化基础设施建设方面比较匮乏，很多乡村没有文化活动场地和文化娱乐设施，即使有些乡村建设有休闲广场，但场地上比较单调，仅有一些简单的运动器械，导致农民的文化生活比较单一；二是乡村内的文化内容也较为单一，村民精神生活较为单调，生产工作之余的休闲娱乐活动较为匮乏，甚至是文化广播内容与形式也难以与时代同频。

（三）乡村人口流失过快，尤其缺乏建设人才

在乡村人居环境及其旅游发展过程中，人才是必不可少的因素。很多乡村存在的情况是：人才极度缺乏，现有力量知识不足，观念落后以及年龄偏大等。由于种种原因，极度缺乏吸引有能力、有水平人才扎根乡村。这就导致乡村的各项工作总是在低效率、低水平的基础上开展，与城市间的差距越拉越大。

四、乡村旅游与农村人居环境要素的协同关系

(一)乡村旅游与人居环境内在联系

乡村休闲旅游与农村人居环境整治二者紧密联系,在发展乡村旅游不同阶段,农村人居环境也具有不同特征。农村人居环境整治受到经济、社会、文化、政策等多种因素的影响,而旅游因素也是影响其发展的重要因素,在推动乡村休闲旅游发展过程中,对农村的人员组织、资源结构、产业布局都会产生深刻影响,发展农村休闲旅游,就是对农村人居环境各个要素进行重组,打破原有的固有结构,按照乡村旅游的发展需求对其进行优化,不仅创造良好的生态景观,同时也进一步提升广大农民生态环保意识,让他们将现有的生态资源转化成为旅游资源,进而实现资源的经济价值。我国 30 多年的乡村旅游发展实践证明,乡村旅游能有效推动农村环境的改善,而且相对于其他途径,乡村旅游在推动农村人居环境整治长效化方面有着独特的优势,为农村人居环境整治长效化提供了一条有效途径。

广义的人居环境包括自然和人文两个方面,良好生态的乡村环境是发展旅游的基础,乡村特有的地形地貌、自然气候、民俗风情等,在城市中没有的地域特色,是乡村旅游得以发展的根本。

1. 人居环境为乡村旅游提供环境基础

乡村人居环境中,包括土壤、地形、山体、水系、动物及植物栖息地、气象、气候等因素,共同构成乡村自然生态环境的基础,共同构成乡村旅游的本底烙印。

(1)地理基础。以山形地貌特色表象出来的不同的地理特征,是各个乡村旅游环境营建的空间基础,也是乡村旅游发展的基本骨架,基本决定了乡村旅游的类别及内容。高原、平原、山地、丘陵、盆地等地形地貌是影响乡村的重要类型,不同的地形地貌也会影响乡村的人口规模、形态产业等。例如在平原地区,乡村聚落和种植业往往较大,在山地及丘陵地区,村庄聚落的规模一般较小,还较为分散。

不同的地形地貌表现出不同的特点,其本身就可以作为资源供人们游览观赏。辽阔的平原给人开敞的感觉,连绵起伏的山系为水系形成、植被群落生长创造条件,其地形地质特点、空间环境都会给人们带来多样化的游览与体验感受,如喀斯特地形地貌游览、徒步登山旅游、山间河溪漂流等。

(2)土壤。土壤是指地球表面的一层疏松的物质,由各种颗粒状矿物质、

有机物质、水分、空气、微生物等组成，是植物生长与农作物生长的基础。土壤按照含沙量、渗水性、通气性等特征可以分为沙质土、黏质土、壤土三类，在不同程度上决定不同的植物与农作物类型，从而形成不同的植物群落景观，成为乡村旅游的重要组成部分。如云南省昆明市东川区红土地镇，因土壤里含铁、铝成分较多，形成了炫目的色彩，独特的红色土壤成片地覆盖在蜿蜒起伏的山地上，与绿色的庄稼、银灰色的道路、白色的村庄等交相错杂，形成了一幅幅色彩斑斓、绚丽多姿的巨幅"油画"，成为乡村旅游的重要自然环境要素。

（3）水文基础。水是大自然赋予人类的宝贵财富，水在自然环境和社会环境中都是重要而又活跃的因素。山清水秀、风调雨顺是人类追求和向往的美景。以水为邻，傍水而居，是人类最早的聚落形态。人类天然就有亲水性，水在乡村中，除了生产生活功能之外，其多种形态，如泉水、温泉、溪流、瀑布、池塘、湿地等丰富多彩的状态，常常贯穿于乡村旅游环境或旅游活动中。

（4）生境基础。生境是指生物或生物群赖以生存的生态环境，是生物生活的空间和其中全部生态因子的总和。生态因子包括光照、温度、水分、空气和无机盐等非生物因子和食物、天敌等生物因子。以自然气候作为分析因子，可看到影响乡村类型的主要气候因素包括日照、积温、海拔等，根据积温的多少，我国有热带、亚热带、暖温带、中温带、寒温带五个温度带。位于热带、亚热带的乡村以水稻种植为主；位于暖温带、中温带及寒温带地区的乡村则以小麦种植为主。根据 800mm、400mm、200mm 等降水量线，我国又可划分为湿润区、半湿润区、半干旱区和干旱区，在发展农业方面，处于温润区域的乡村以水田为主，位于半湿润区的乡村以旱田为主，位于半干旱地区的乡村主要以草原为主，主要发展畜牧业，而位于干旱地区的乡村植被贫瘠，除了一些开辟有灌溉系统的地区发展绿洲农业外，其余大部分地区为荒漠。气候不同对乡村的自然生态基础影响是巨大的，特别是土地的类型、耕作的方式以及生活方式、建筑模式等。

2. 人文生态为乡村旅游搭建发展基调

乡村人文生态资源由各种乡村社会环境、村民生活、历史文物、风俗文化、民族风情等构成，通常会以乡村聚落、民居建筑、民间喜庆活动和田间劳作等被人们有意识创造出来，成为乡村旅游发展的重要载体。

（1）传统民居聚落凸显特色。乡村民居聚落是村民繁衍生息的重要场所，其建设往往依山傍水，与农田、牧场等生产场所、宗教祭祀等生活场所紧密相连。我国乡村传统的民居聚落建设中蕴含着丰富的人与自然完美结合的特征，不同地域的乡村民居聚落都代表了独特的地方特色和地理特征。从北京传统的四合院落到江南水乡的徽派民居，从黄土高原的窑洞到华南客家的土楼围屋，无不显示着传统的文化气息和浓郁的乡土风情，聚落环境也不乏人与自然完美结合的典范，如安徽宏村被联合国教科文组织列入了世界文化遗产名录，其人文景观、自然景观相得益彰，是世界上少有的古代有详细规划之村落，这不但是一个地域长久以来生活生产的侧面表达，也是乡村历史的见证。

（2）民俗文化彰显乡村底蕴。中国是一个历史悠久、民族众多的国家，在长期的历史发展过程中形成了浓厚的地方传统，呈现出不同的文化特征。不同民族有着不同的风土人情，不同节日也会有不同的民俗活动，生活方式与场景、民间艺术文化、手工艺、农耕文化、饮食文化、服饰文化等都形成了斑斓的风习文化，也是我国最宝贵的旅游资源。

（3）文物古迹丰富乡村内涵：许多村落是中华文明的基因库，村内经历了多年风风雨雨的古遗址、古建筑、近现代史迹及代表性建筑等多类型不可移动文物，蕴含着优秀传统文化、红色革命文化等文物价值，他们是展现历史文化的重要载体，能够激活人们的文化记忆，丰富乡村的人文魅力，凝聚民族精神之魂。还有很多非物质文化遗产和传统技艺是民族智慧和审美情趣的表达，还起到了很好的连接传统与现代的纽带作用。

3. 乡村旅游为人居环境发展提供助力

第一，乡村旅游对农村人居环境提出更高的要求。众所周知，基础设施的提升、人居环境的改善，是乡村旅游产业发展的基础性保障。新修道路或对农村原有道路进行硬化处理，有干净的水源可供使用，修建农村公共卫生设施、推进"厕所革命"、合理摆放垃圾桶，对垃圾和污水进行无害化处理等一系列的基础设施建设正是农村人居环境整治的重要内容。此外，发展乡村旅游产业还要求兴建网络服务设施，以及提供公共卫生服务的医疗室或卫生所等。因此，可以说，发展乡村旅游产业就是对农村人居环境的根本性整治。

第二，乡村旅游带来持续性的经济收入。当前，农村人居环境整治最主要的瓶颈是整治资金不足。按照目前的整治模式，农村人居环境整治有着很强的公益性，厕所、垃圾、污水处理资金投入巨大，主要依靠政府补助，多渠道投入机制尚未建立，加上农村地区财政收入低，改善农村人居环境资金投入缺口很大。而乡村旅游由于能够为村民带来持续性的收入，可以帮助缓解整治的资金缺口问题，对今后无论是整治经费的筹集，还是探索建立污水垃圾处理农户缴费的受益者付费机制，都可奠定基础。

第三，乡村旅游保护和利用传统人居文化。人居环境文化是我国灿烂的传统文化瑰宝之一，乡村人居环境本身就是乡村传统文化的一个典型代表。在乡村旅游的开发中，对古建筑、古村落进行的保护性开发，不仅使其成为吸引游客的重要吸引物，更让政府相关部门和农村群众对传统乡土文化的保护意识有了很大的提升。除了对有价值的古建筑和古村落进行保护性开发外，乡村旅游在农村人居环境的创新方面也有着很大的示范作用，比如在一些乡村旅游地区，当地群众在环境整治中清理出的闲置地块和废旧房屋被重新进行规划利用，古老的水车、石头的磨盘、废弃的古井、年久的纺车等通过创新的设计与包装重新焕发生机，使农村人居环境充满浓郁的乡土气息，一方面吸引了游客，另一方面也对农村人居环境的治理起到了良好的示范作用，达到了双赢的效果。

（二）农村人居环境与乡村旅游的耦合关系

农村人居环境是乡村旅游赖以发展的重要基础，乡村旅游对调整农业结构，改善农村环境，增加农民收入具有很强的拉动性，两个系统的协同发展对于乡村振兴战略的实施具有重要意义。以农村人居环境与乡村旅游的协同发展为切入点，构建两者耦合度与耦合协调度指标体系，测度山东省农村人居环境与乡村旅游协调发展状况，梳理农村人居环境与乡村旅游发展之间的耦合关联，探求其影响因素。以山东省 2013—2019 年数据为例[43]。

1. 指标体系构建

农村人居环境及乡村旅游各自相关的指标，从地域性、时间关联度等方面而言，数据众多；同时对于指标体系的构建也没有一个统一的方法。如果对两者之间协同发展进行相关性的研究，其评价指标的选择应遵循普遍性、代表性、可操作性、范围统一性及更新实时性等原则。

农村人居环境是农村居民生产与生活的基础，建设生态宜居乡村是实现乡村振兴战略的重要任务。《中华人民共和国乡村振兴促进法》对村落景观整治设计提出过总的指导意见，2021 年 1 月《关于推动农村人居环境标准体系建设的指导意见》，明确农村人居环境标准体系框架，由五个方面、三个层级组成，同时提出了运行机制、工作保障、技术支撑、标准化服务等四个方面的保障措施。这些指导意见中的体系框架内容是构建评价要素体系的基础规范，具有客观性、全面性及时效性等特点。

结合山东省实际情况，本书构建乡村人居环境指标体系，由 4 个一级指标构成，其中，社会经济环境包括人均可支配收入、居民消费价格指数、农林牧渔业增加值、城镇化率 4 个二级指标；基础设施环境包括道路硬化率、集中供热面积、人均日生活用水量 3 个二级指标；居住环境包括人口密度、人均住房建筑面积、用水普及率、燃气普及率、人均房地产投资额 5 个二级指标；生态环境包括绿化覆盖率、绿地率、生活污水处理比例、生活垃圾处理比例 4 个二级指标[43]。

乡村旅游发展水平系统评价指标，本书选择最主要反映乡村旅游产业规模、产业经济效益、社会文化效益三个方面构建一级指标体系，包括乡村旅游接待游客、旅游特色村、旅游强乡镇、乡村旅游经营业户、乡村旅游消费、住宿餐饮年零售总额、乡村旅游就业人数等二级指标，来反映山东省的乡村旅游发展水平（表 2-1）。

2. 数据来源

本书使用的数据来源于《城乡建设统计年鉴》《中国农村统计年鉴》《山东省国民经济和社会发展统计公报》《山东省旅游统计》、山东省各市地人民政府工作报告、山东省文化与旅游网等，本书选取的是 2013—2019 年的指标数据，其中个别数据依据往年年鉴推断得出。

表 2-1 乡村人居环境与乡村旅游系统评价指标

系　　统	一级指标	二　级　指　标
乡村人居环境	社会经济环境 X_1	人均可支配收入（元）X_{11}；居民消费价格指数 X_{12}；农林牧渔业增加值（亿元）X_{13}；城镇化率（%）X_{14}
	基础设施环境 X_2	道路硬化率（%）X_{21}；集中供热面积（万 m²）X_{22}；人均日生活用水量（L）X_{23}
	居住环境 X_3	人口密度（人/km²）X_{31}；人均住房建筑面积（m²）X_{32}；用水普及率（%）X_{33}；燃气普及率（%）X_{34}；人均房地产投资额（万元）X_{35}
	生态环境 X_4	绿化覆盖率（%）X_{41}；绿地率（%）X_{42}；生活污水处理比例 X_{43}；生活垃圾处理比例 X_{44}
乡村旅游	旅游产业规模 Y_1	乡村旅游接待游客（亿人次）Y_{11}；旅游特色村（个）Y_{12}；旅游强乡镇（个）Y_{13}；乡村旅游经营业户（万户）Y_{14}
	产业经济效益 Y_2 社会文化效益 Y_3	乡村旅游消费（亿元）Y_{21}；住宿餐饮年零售总额（亿元）Y_{22}；乡村旅游就业人数（万人）Y_{31}

3. 研究设计

（1）客观筛选。由于不同的数据指标有不同的量纲单位，所以本书运用因子分析中变量正向化法、无量纲化处理等方法[13]，标准化处理获取的指标体系。计算公式为

$$Y_i = \frac{1}{X_i}$$

$$Y = \frac{Y_i - X_{\min}}{Y_i - X_{\max}}$$

式中：Y 为标准化处理后的指标值；Y_i 为正向指标；X_i 为逆向指标原始值。

（2）计算指标的综合水平。使用线性加权法和熵值法[14] 计算农村人居环境和乡村旅游的综合评价函数 U 与 V，其中 a_i、b_i 是指 X_i、Y_i 的权重值。

$$U = \sum_{i=1}^{16} a_i X_i$$

$$V = \sum_{i=1}^{5} b_i Y_i$$

（3）耦合度。物理学中的"耦合"概念，是指两个实体相互依赖于对方的一个量度。乡村人居环境与乡村旅游系统通过多个指标彼此联系、彼此影响，也是耦合度的体现。因此构建农村人居环境系统与乡村旅游系统的耦合度模型，衡量两个系统间的协调关系。公式可以表示为

$$C = 2 \sqrt{\frac{(U * V)}{[U + V]^2}}$$

式中：C 为系统耦合度，且 $C \in [0, 1]$，借鉴相关研究，C 值代表的耦合状态，见表 2 - 2。

表 2 - 2 耦 合 度 状 态 划 分

C 值（耦合度）	耦合状态	C 值（耦合度）	耦合状态
0	无关联	0.5～0.8	磨合状态
0～0.3	低水平耦合	0.8～1.0	良性耦合
0.3～0.5	拮抗状态	1.0	高度耦合

（4）耦合协调度。耦合协调度模型，可以有效地评判出两个系统协同发展的状况、交互耦合的协调程度。公式可以表示为

$$T = aU + bV$$

$$D = \sqrt{CT}$$

式中：T 为农村人居环境系统与乡村旅游的耦合协调系统指数；根据两个系统的关系，a、b 均取 0.5；D 为农村人居环境系统与乡村旅游的耦合协调度，取值范围为 $[0, 1]$，根据相关研究成果[16]，将 D 划分为不同的等级，见表 2 - 3。

表 2 - 3 耦合协调度等级划分

T 值	耦合协调度	T 值	耦合协调度
0.00～0.09	极度失调	0.50～0.59	勉强协调
0.10～0.19	严重失调	0.60～0.69	初级协调
0.20～0.29	中度失调	0.70～0.79	中级协调
0.30～0.39	轻度失调	0.80～0.89	良好协调
0.40～0.49	濒临失调	0.90～1.00	优质协调

4. 指标的应用

山东省农村人居环境和乡村旅游的综合评价函数 U 与 V 的变化关系有三种，即 $U>V$、$U=V$ 以及 $U<V$。

$U>V$：乡村旅游滞后型；$U=V$：乡村旅游平稳型；$U<V$：农村人居环境滞后型。

图 2-1 可看出，山东省农村人居环境发展水平（U）呈持续上升趋势。2013 年，国家启动"美丽乡村"创建活动，山东省科学调研，认真筛选，选取了 8 个美丽乡村试点县，按照创建要求，建成一批宜居宜业宜游的美丽乡村。2015 年，"绿水青山就是金山银山"理念深入人心，山东省在农村人居环境工作各阶段贯彻可持续发展、绿色发展的理念。2018 年 2 月，《农村人居环境整治三年行动方案》出台，山东省明确统筹整合资金、资源、公共基础设施建设，改善农村人居环境，推动乡村生态振兴。

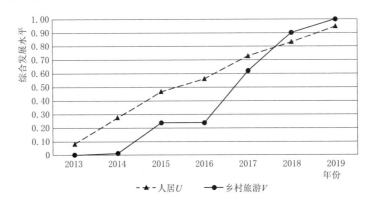

图 2-1 2013—2019 年山东省农村人居环境和乡村旅游的综合发展水平

图 2-1 中可以看到山东省乡村旅游发展水平（V）的发展折线特征：整体呈现上升趋势，2013—2014 年、2015—2016 年发展较为平缓，其余年份稳定增长。山东地处华北平原和胶东半岛，农业、渔业发达，齐鲁文化、民俗文化源远流长，2013 年好客山东"齐鲁乡村休闲汇"的主题确定，山东省开始创建乡村旅游示范点。山东省旅游局对旅游规划给予专项资金的补贴，统筹乡村旅游跨越式发展。2014 年山东省内"双改"（改厨改厕）工作乡村旅游的重点内容，在提升乡村旅游提质增效方面发挥作用。2016 年开始，山东省通过一系列决策部署，在乡村旅游公共设施方面位于全国首位，开展规模化乡村旅游的村庄达到 3000 多个。2017 年"山东省公布乡村旅游提档升级方案"、《山东省旅游条例》；2018 年公布的《山东省乡村振兴战略规划》等，这一系列政策、资金等工作为乡村旅游的迅猛发展创造了宽松激励的条件。

综合来看，2013—2019 年山东农村人居环境与乡村旅游都呈现增长趋势，人居环境增长较为均匀，乡村旅游增长幅度不均匀，人居环境与乡村旅游未形成协调发展的状态。近几年，山东省内各市地设立专项建设资金，重点对道路、水系、生态、建筑风貌、基础设施等系统进行综合打造与提升，确保乡村旅游与人居环境的协调统一，政府部门不断加强政策引导，实现全面提升两者的整体实力与市场竞争力。

5. 农村人居环境与的乡村旅游耦合

山东省农村人居环境与乡村旅游的耦合在时间上有一定的特征表现，如图 2-2 所示。

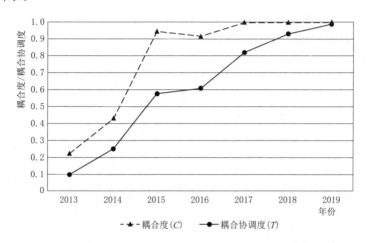

图 2-2 2013—2019 年山东省农村人居环境与乡村旅游耦合度、耦合协调度

从耦合度 C 值数值变化可以看出，折线整体趋势呈现由低向高，局部动荡的特点。2013 年 C 值为 0.22，处于低水平耦合状态，这期间山东省农村人居环境与乡村旅游处于起步状态，两者相互促进作用不明显。2014 年 C 值为 0.43，处于拮抗状态，表明两个系统的关系更加密切，具备向高水平发展的基础。2015 年，C 值迅速提升，两个系统迅速进入相互促进的良性耦合阶段，这主要得益于前期乡村旅游"双改"工作的持续推进，以及山东省开始大力推进"农业＋旅游"的创新发展模式，极大地促进了乡村旅游的提档升级。此后的几年，山东省又连续出台政策，坚持将乡村旅游的发展与新型城镇化、美丽乡村建设相结合，推进全域旅游、生态旅游的协调统一，山东省农村人居环境与乡村旅游的不断向更高耦合阶段发展。

从耦合协调度的 T 值数值变化可以看出，耦合协调度整体呈现上升，局部变缓的特点。从数值曲线来看，2013—2014 年，两者协调度不断提高，从严重失调到中度失调，表明两个系统的协同发展水平较低。从 2015 年开始，两者协调度从勉强协调到初级协调，再到良好协调，表明两个系统间的相互作用不断增强，协同发展关系不断优化，在健康有序的协作轨道上前进。

（三）两者耦合关系规律

（1）通过对山东省农村人居环境与乡村旅游的综合评价的耦合关系实证分析可以看出，农村人居环境与乡村旅游存在耦合关系，两者的耦合度与耦合协调度波动上升。总体看来，农村人居环境发展水平高于乡村旅游发展水平，发展速度较为稳定。乡村旅游在 2018 年井喷式发展，发展速度不均匀，有波动性与阶段性特征。

（2）通过前面数据图表，梳理影响因素，分析得出，农村人居环境改善及乡村旅游的综合发展水平及耦合关系，受到经济发展、政策支持等因素的影响。

经济发展是前提条件。山东省近年来经济发展水平持续提升，经济结构不断优化，城镇化率不断提高，村容村貌持续提升，居民生活水平明显改善，山东的乡村旅游接待人数与收入大幅提高。经济水平的提高，促进农村人居环境及乡村旅游的共同提高，两者的耦合条件不断成熟，更有条件协同发展。

政策支持是有力保障。政府对农村人居环境改善及乡村旅游的支持力度直接影响着两个系统的综合发展水平与耦合程度。随着乡村振兴战略的实施，政府在政策、人才、资金、技术等方面持续给予支持，积极推进新型城镇化、生态文明建设、全域旅游、农业现代化的深度融合，创新发展，从生态、文化、科技、人才等多方面促进城乡统筹一体化的发展，有力地促进农村人居环境改善及乡村旅游的协同发展。

结果显示，乡村旅游发展水平从滞后于农村人居水平到两者曲线渐趋接近，两个系统耦合度与耦合协调度的发展变化受到经济、政策等多重因素的影响。

第三章

乡村振兴战略下农村人居环境
与乡村旅游的发展特征

在乡村振兴、扩大内需和脱贫攻坚等战略的指引下，中共中央办公厅、国务院办公厅等多部门按照中央一号文件的要求，先后从用地供给、资金投入、基础设施建设等要素供给，生态保护、产业规划、文化传承等制度，以及鼓励市场、消费培育、试点示范等市场需求三个方面，对乡村旅游和人居环境改善进行有序的引导、扶持和保障。

一、产业融合

推进农村一二三产业的融合发展是建设现代农业产业体系、生产体系和经营体系的要求，产业融合是以农业农村为基础，通过要素、制度和技术创新，让农业不单局限于种养业生产环节，还要前后延伸、左右拓展，与休闲旅游、加工流通和电子商务等有机融合、紧密相连、协同发展，特征是在产业边界和交叉处催生出新业态和新模式，如休闲农业中有旅游，催生新产业、新业态、新模式，增强农村发展新动能和新活力，建设社会主义新农村；有利于激活城乡闲置资源、闲暇时间和闲散劳力，构建新型工农城乡关系，实实在在开辟农民增收的新渠道。

我国农业和农村经济发展也存在从1.0版本到4.0版本的升级过程，农业农村经济1.0版本是主要依靠人力畜力的规模农业，2.0版本是主要依靠农业机械装备的工业化、产业化农业，3.0版本是主要依靠互联网和智能化技术的信息化农业，4.0版本是主要依靠农村产业融合催生的诸多新产业、新业态、新模式农业，依托美丽乡村、特色小镇、农业园区等载体，做强家庭农场、农民合作社和加工流通企业等新型经营主体，实现产业链、价值链、供应链等三链重构，推进农业与二三产业融合发展。以陕西省蓝田县为例，该县樊家村将乡村风貌提升与乡村产业发展相结合，统筹谋划现代农业、乡村旅游等产业，解决农村群众就业问题，进一步推动乡村经济高质量发展。在光伏产业上累计投资75万元，年收益约10万元；樱桃种植业累计投资150万元，年收益约45万元；养殖合作社肉猪、肉牛存栏共达到690头，年收入共计约153万元。值得一提的是，该村占地80亩的大棚花卉产业，形成了花卉种植、包装、销售一条龙的发展模式，花艺体验馆及增植花卉绿雕等配套完善，已成为集花卉种植、观光游览于一体，年产约70万元的综合园区，吸引众多游客享受花海美景、感受插花魅力。

随着产业规模的扩大，对乡村旅游产业的角色及定位发生了从局部发展到战略统筹的转变，乡村旅游政策在强调继续扩大基本要素供给的同时，重点运用环境型政策工具补齐乡村旅游开发配套设施和环境短板，结合脱贫攻坚政策和改善乡村人居环境等目标，推进乡村旅游综合体、名村名镇以及全域旅游发展，促进乡村旅游区域协同发展。

全域旅游，是在一定区域内，以旅游业为优势产业，通过对区域内经济社会资源全方位、系统化的优化提升，实现区域资源有机整合、产业融合发展、社会共建共享，以旅游业带动和促进经济社会协调发展的一种新的区域协调发展理念和模式。全域旅游第一要点是优势产业，第二要点是从门票经济转向产业经济、从导游封闭式管理转向导游自由流动的开放式管理，从封闭的旅游自循环向"旅游＋"融合发展方式转变。浙江绍兴在2008—2012年最早提出"全域旅游"的发展战略，2018年中央政府全面推动全域旅游，为乡村振兴战略提供了路径。

所有的产业发展都是基于周围的资源。旅游业主要与农业、生态、文化等结合，这些是乡村旅游和全域旅游发展的资源，基于农旅融合可发展观光、休闲、养生等农业生态，并衍生出服务业和其他产业。还是以陕西省蓝田县为例，该县在乡村振兴示范村创建中按全域景区化思路，各示范村至少培育一个主导产业，并以主导产业为依托，推动一二三产融合发展，吸引科技与资金进乡村，青年和乡贤回农村，打造出了村民就地就业致富和创客创业"造梦圆梦"的场景。蓝田县徐河村通过"二轴二核多节点"改造提升体系，探索出清理垃圾、庭院、旱厕，改造村墙外立面、垃圾收运、路灯、厕所，提升产业、绿化、景观、服务、观念的"三四五"生态宜居工作模式，村容村貌得到明显提升。

在乡村旅游发展过程中，乡村民宿经济已成为不可或缺的环节。乡村民宿经济的发展不仅为乡村旅游注入了新的活力，而且为乡村经济带来了新的发展机遇。乡村民宿经济是以乡村旅游与乡村生活的结合为基础的一种经济活动，它融合了乡村旅游资源与乡村文化资源，通过乡村民宿经济的发展实现乡村文化与旅游资源的价值。

与其他旅游活动相比，乡村民宿经济具有自己独特的特点。首先，乡村民宿经济的发展具有明显的地域特征。乡村民宿经济与当地经济发展水平有着密切的关系，乡村民宿经济的发展具有一定的区域特色。其次，乡村民宿经济具有浓厚的文化特色。在开发乡村民宿经济的过程中，当地文化是一个重要的因素。乡村民宿经济发展具有浓厚的当地文化氛围，乡村民宿经济发展应该注重当地文化的保护与传承。

乡村民宿在助力实施乡村振兴战略中优势明显，早在 2018 年国家文化和旅游部就推进全国发展乡村民宿的设计及建设，提出乡村民宿是将农村闲置住宅和土地资源通过自营、合作社等方式有效整合利用，为旅游者提供住宿、餐饮、休闲娱乐、文化体验的乡村旅游新业态。2019 年，中央一号文件也提出各地要有规划地开发休闲农庄、乡村酒店、特色民宿、自驾露营、户外运动等乡村休闲度假产品，为乡村民宿的深入发展提供了制度保障。

以山东省济南市为例，济南市把民宿业发展作为推进乡村振兴战略的重要抓手，出台了加快民宿业发展的实施及资金使用管理办法和配套标准，构建"1＋2＋4"的制度体系。2020 年以来，对评定的"泉城人家"星级精品民宿、民宿集聚片区和创意设计实施了扶持奖励，并发放民宿专项资金。2020 年，全市民宿业接待游客 52.4 万人次，实现营业收入 3.15 亿元，部分高端民宿入住率达到了 95％以上，成为受疫情影响下实现正增长的"明星"文旅产品业态。济南市在发展民宿业过程中，围绕乡村旅游、休闲农业、民俗文化等内容，与旅游景区、农副产品加工、餐饮服务、休闲养生等相关产业深度融合，增强了各社会主体参与农村发展的渠道与创富积极性，助推了"三农"经济的发展，带动了乡村居民创业就业、增收致富。打造民宿，对原有民房改造提升，盘活了乡村闲置住房，乡村建筑得到保护和复兴。与民宿业相匹配的生态环保产业得到发展，改善了农村生态环境。民宿业吸引了一大批创业人才回乡返乡创业，打造出石子口时养山居、安子峪等精品民宿，激活了乡村的创新活力。民宿业融合了山东快书、山东琴书、阿胶、鼓子秧歌等优秀传统乡村文化，通过"民宿＋非遗""民宿＋民俗""民宿＋传统文化"等主题发展模式，活化了乡村文化，提高了乡村社会文明程度，乡村文明焕发出新气象。同时，民宿业的发展，增加了乡村集体收入，夯实了乡村基层组织，确保了乡村社会充满活力、安定有序。五年来，先后有柏树崖、黄鹿泉、拔槊泉等 12 个旅游扶贫村，通过发展民宿业，带动 370 户贫困户、1200 余人实现精准脱贫，带动 5000 余人实现增收。

二、城乡融合

改革开放以来的城乡关系、乡村发展的脉络状况表明，乡村难以单纯依靠自身力量实现跨越式发展，目前我国经济社会发展中最大的不平衡是城乡发展的不平衡，最大的发展不充分是农村发展的不充分。党的二十大报告中强调，要全面推进乡村振兴，需要"坚持农业农村优先发展，坚持城乡融合发展，畅通城乡要素流动"。跳出"三农"谈"三农"，从城乡融合发展全面推进乡村振兴的路径。

城乡融合发展为乡村振兴提供了坚实的路径：我国采取一系列重大举措，组织实施脱贫攻坚战，夯实了全面建成小康社会的物质基础；同时形成了从中央到省市县乡村纵向的政策体系，建立健全了中央统筹、省负总责、市县乡抓落实的乡村振兴工作机制；精准发挥县域经济在资源禀赋、产业结构、空间地理、区位优势等方面的优势，发挥县域经济对乡村振兴的带动作用。城镇和乡村是联系紧密的命运共同体，全面推进乡村振兴必须强化以工补农、以城带乡，将农村的产业发展、基础设施建设和公共服务设施建设与城市发展一体谋划、设计、实施、监督与融入。

以日本为例，日本与中国都属于东亚小农国家，都面临户均土地经营规模小、城乡资源分配不均匀等问题。日本在 20 世纪 50 年代意识到消除城乡差距、推动城乡融合发展的重要性，并不断完善城乡融合发展机制的建设。立足本国农业农村发展的实际需求，日本不断完善法律法规，健全基层组织体系，促进人财物在城乡之间的双向流动。继建立基础医疗保险、基础养老保险和社会救助制度后，日本鼓励中央和地方政府引导工商企业向农村地区转移，如观光农业兴起，自然休养村、生态村、一村一品项目逐渐增多，城市居民支持农业发展为目标的社区支持农业快速发展。重新界定城市和农村的关系，"田园都市构想"计划将城市的高生产力和高质量信息与农业丰富和谐的自然环境相结合，构建健康宜居的田园化城市。日本在建设历程、传统文化、人口分布等方面和我国有着相似的经历。经济高速发展时期，日本乡村人口向城市转移，也造成了城乡发展的不协调，乡村生产和乡村发展的人力资源条件不断恶化，为保持地方经济活力，缩小城乡差距，日本推行一系列措施，着重对乡村资源的合理化、高效益开发，创造乡村独特性及地方性特点。

城乡差距是经济发展过程中必然产生的经济现象，而促进城乡融合发展是一个漫长的过程。日本实施《农业基本法》已经 60 余年，多年来一直在不遗余力推动乡村振兴，也的确取得了显著成效，基本解决了农村的贫困问题，成为世界上城乡差距和贫富差距最小的国家之一。

日本乡村建设经历了三个阶段，从而实现了乡村人居环境的全面提升。其乡村发展特色在于构建乡村区域规划、创新农村农业生产环境、加强乡村人文社会环境建设。日本的乡村人居环境建设，是在面临农村劳动力流向城市，城乡差距扩大的情况下采取的主动应对方式。第一次乡村建设是 1956—1962 年，通过推动农户经营以及美丽乡村振兴协议，制定相关的规划等措施加大对乡村发展的扶持力度，通过设立专门的农业贷款，政府提高对农村的农业补贴水平，这一时期改善了农村的基础设施条件，在一定条件下改善了人们的生活环境条件。第二次乡村建设是 1967—1979 年，这个时期日本出台一系列的政策措施，包括缩小城乡差距、治理环境污染、全面推行综合农业政策等来加快农村现代化进程。这个时期的农村高中升学率快速提升，在 1975 年达到了 92%，农业从业者的教育水平普遍提高。农民的收入水平得到了提高，涌向城市的人口大幅度减少。第三次乡村建设是 20 世纪 70 年代末，这个时期日本通过振兴乡村产业，加快发展农村的经济。这次建设使得日本的乡村发生了巨大的变化，城乡之间的差距基本消失，大量非农产业进入农村，农民的收入大幅提高，真正实现了农民的安居。

最为出名的发展模式是 1979 年大分县知事平松守彦提出的"一村一品"运动，在这一运动实行过程中，政府大力支持、村民积极参与，整个过程中直接反映民意，促进村民对乡村建设的了解及村民归属感的培养。这个时期的"造村运动"，对乡村建设的发展、产业环境以及生活环境改善起到了很大的促进作用。

1985 年日本乡村地区的第二产业、第三产业的从业人口分别达到了 43.5% 和 33.6%，均高于了第一产业，体现出较高的产业融合的发展特点。

从日本的乡村建设历程来看，基础设施的建设贯穿于整个乡村人居环境建设过程，以农田水利设施建设为例，2012 年日本的耕地面积为 455 万 hm^2，其中水田 244 万 hm^2，约占 54%；旱田 209 万 hm^2，约占 46%；耕地灌溉面积约 250 万 hm^2，占耕地面积的 55%；农田水利配套完善，具有较强的抵抗自然灾害的能力，从而减少了农民的生产农业生产风险。日本每年用于基础设施建设的资金在 10000 亿日元左右（100 日元约合 5.82 元人民币，2018 年）。除此之外乡村的生态景观、文化建设的综合提升也是日本乡村人居建设的核心内容，通过对森林、水系、建筑等乡村景观的打造，以此推动各种形式的乡村旅游，促进乡村的经济发展。

从日本经验来看，加强城乡融合发展的立法，做到有法可依，保障相关政策的稳定性必不可少；坚持以人为本，让农民成为政策的自觉参与者和真正的受益者，既尊重村民的首创精神，也激发他们的主人翁精神，可以提高政策的实施效率；因地制宜地提出针对性政策，增加农民的收入，科学有效地解决城乡发展的不平衡问题；加强人口流动的扶持力度，单靠财政、经济手段也很难满足城乡融合发展对人才需求，完善城乡要素融合发展需要多管齐下，以促进人才的常态化流动，更好地推动实现城乡居民共同富裕。

三、生态宜居

在实施乡村振兴的过程中，生态宜居是关键，建设生态宜居乡村是乡村生态保护的现实需要，良好的生态环境是建设宜居乡村的必备条件，为了建设宜居的乡村环境，需要保护农村的生态系统。现阶段，生态宜居意味着乡村环境宁静、和谐、洁净、舒适，其要素是自然生态环境、生活类基础设施建设、乡村特色文化传承。

2018 年，农村人居环境整治三年行动实施以来，我国全面扎实推进农村环境整治，扭转了农村长期以来存在的脏乱差局面，村庄环境基本实现干净整洁有序，农民群众环境卫生观念发生可喜变化、生活质量普遍提高。人民对农村优美人居环境的期待，从"摆脱脏乱差"逐步提升为"追求乡村美"。

《农村人居环境整治提升五年行动方案（2021—2025 年）》的实施，标志着农村人居环境建设已经进入了系统提升、全面升级的新阶段。按照这一行动方案，未来五年将扎实推进农村厕所革命、加快推进农村生活污水治理、全面提升农村生活垃圾治理水平、推动村容村貌整体提升，并建立健全长效管护机制。目标是到 2025 年实现农村人居环境显著改善，生态宜居美丽乡村建设取得新进步。到 2023 年，农村人居环境整治三年行动圆满收官，整治提升五年行动顺利开展，95％以上的村庄开展了清洁行动，农村从普遍脏乱差转变为基本干净整洁有序；14 万个村庄得到绿化美化，村容村貌焕然一新，农村居民环境卫生观念也发生了可喜变化、生活质量普遍提高。

除了村庄面貌的整体提升，农民群众关心的生活污水、卫生厕所等"关键小事"也有了解决方案，乡村生活迈向宜居宜业。整个人居环境整治检测内容包括农村生活垃圾治理、农村生活污水治理、农村厕所改造、农业生产废弃物资源化利用、村容村貌整治提升、完善建设和管护机制六项。

打造生态宜居乡村，需要优秀案例的借鉴，在研究过程中，我们看到全国农村人居环境整治监测报告显示，浙江省名列第一，其行动步骤及成效值得学习。浙江从"千村示范、万村整治"开始，对标国际一流，以彻底剿灭脏乱差、绝不把污泥浊水带入全面小康为目标，在全省开展以"三清三整三提升"为主要内容的"百日攻坚"行动。2020 年，浙江省农村无害化卫生厕所普及率达99.48％，农村生活垃圾集中收集有效处理、规划保留村农村生活污水有效治理、污水处理设施运维管理等方面都已实现全覆盖。

"百日攻坚"行动中，浙江省的做法包括：全省各地从小处着手，清理废弃杂物、村内沟渠、农业生产废弃物，整治乱搭乱建、乱贴乱画、乱接乱拉，提升垃圾分类水平、厕所服务水平、庭院美化水平。目标是全面实现无污泥浊水、无可视垃圾、无露天粪坑。此外，开展专项督导、第三方评估、问题线索随手拍等活动，各地也因地制宜开展最脏村、最美村、最美公厕、最脏公厕、最美庭院评选等。

未来，浙江省将以城乡一体化为导向，健全"产权清晰、权责明确、管护到位、保障有力"的农村基础设施长效管护机制，鼓励社会资本参与垃圾收集、运输、处置各环节，通过招标引入第三方专业化物业服务公司，开展村庄环境卫生日常保洁，提高专业化水平。探索推广垃圾分类、公厕管理智能监管系统，推进垃圾、厕所长效运维与智能监管相结合。

许多乡村借助于优良的基底环境优势，将公路网、村道网、绿道网、水道网、林道网作为骨架，串珠成线、连线带面，打造城市后花园。如浙江省萧山区戴村镇沈村，有"中国三清茶之乡"之称。村庄依山傍水，环境优美，绿色覆盖率80％以上，绵绵十里七都长溪穿村而过，有"两堤花柳全依水，一路楼台直到山"的美景。在此基础上，沈村聘请设计部门，规划总面积57hm²的"杭州市风情小镇"项目蓝图，计划未来的村庄建房，将实行统一设计、统一款式、统一配套，为"沈村幸福人居区"作为戴村镇云石生态休闲旅游度假区重要一环埋下伏笔。同时村内实施旧村改造，拆除入口广场、文化中心周边旧房，解决部分村民住房，完成沈村村公园污水处理池建设和老村人工湿地建设，启动对全村管网的设计和改造，完成幸福路道路硬化、石鹅路修复、老街路面青砖铺筑。

充分挖掘村庄历史文化，修缮沈佩兰故居，完成沈佩兰故居、沈村村史馆、农耕馆的布展。借力政策东风，沈村依托自然山水资源禀赋和后发优势，跑出了乡村振兴加速度。总面积53000m²的三清园户外运动公园，集户外运动、亲子娱乐、自然探秘于一体，卡丁车、七彩滑道、高空探险、真人CS、UTV赛道等多种游乐设施，吸引了成千上万游客前来体验。三清园大草坪上，已成功举办过各类越野赛、马拉松、帐篷节以及亲子活动。城市高空滑翔伞、七都溪天然泳池等郊野项目，也吸引着游客慕名而来。

通过挖掘特色，成功招引户外拓展基地项目，大力推进生态资源转换为看得见、摸得着的文化旅游资源，沈村走出了一条独具特色的景区村庄创建融合发展之路。这是萧山区挖掘村庄特色，积极打造特色景区村庄的一个成功范例。

将景区与乡村看作一个系统，通过系统内各方利益协调和资源优化配置，达到乡村经济、社会和环境的协调发展。简单来说，就是把村庄当作景区来建设。

2018 年，浙江提出"万村景区化"，深入推进乡村旅游、农村一二三产业融合，将生态优势转化为发展优势，通过"美丽乡村"实现"美丽经济"。2020年，山东省以文旅助力乡村振兴率先突破，提出推进美丽乡村向景区化乡村转型升级，山东五部门联合制定了《关于开展乡村景区化建设工作的指导意见》，以全城旅游发展理念大力推进村庄景区化建设，推进美丽乡村向美丽经济转型升级。意见明确村庄景区化建设标准、实施乡村环境景观化行动、注重保护乡村文化旅游资源、培育景区化村庄旅游新业态、提升景区化村庄配套设施、强化村庄景区化人才支撑等六个方面，建成若干景区化村庄。"村庄景区化"涉及社会、经济和环境等诸多方面，在强调产业融合发展的基础上，更要重视物质景观空间与文化特色的传承，可通过强化村域综合规划整治、复合型旅游开发和乡村文化品牌塑造三大举措来实现，这也是"以景带村、以村施景、景村互动"积极的尝试。

四、利益协调

管理学中有"利益相关者"理论，认为一个公司的发展和各种利益相关者的投入与参与密不可分，也即"任何能影响组织目标实现或被给该目标影响的群体或个人"。

乡村振兴过程中，特别是旅游发展过程中各利益主体的角色、身份和利益诉求各不相同，各方只有共同协作，实现利益共享，才能真正实现乡村振兴的目标。

在乡村振兴过程中利益相关者包括农村社区居民、政府组织、企业、消费者（如旅游者）、设计单位等。政府是乡村振兴工作的主导者，在政策制定、生态保护、环境整治、行业监督等方面发挥重要的作用，特别是其他利益主体有不同的利益诉求，出现不同的利益矛盾时，也需要当地政府的积极协调，才能保证各项工作的顺利开展。

企业开展的生产、经营活动会对乡村经济、环境等方面产生重要的作用；一方面，企业特别是旅游开发企业，会帮助积极挖掘乡村的自然、文化资源并对其保护与传承，提升乡村的知名度，并积极对乡村基础设施等人居环境进行改善，以吸引更多的旅游者，实现自己获利，树立企业的良好形象；另一方面，企业也会在一定程度上解决农村闲散劳动力的就业问题，增加乡村社区居民的收入。

社区居民是乡村的主人，也是乡村振兴能否健康发展的主体。一方面，希望改善生活、增加收入，提升知识与技能；另一方面，希望能够利益共享，在各项事务中能够有知情权、参与权以及决策权，能够被理解与尊重。

（一）构建利益协调机制

在乡村振兴不断深入的过程中，也在不断探索有效的利益协调机制，彼此协同合作，以实现共赢。

1. 建立畅通、民主的表达机制

很多当地政府在实践工作中建立信息分享渠道，如通过微信群、QQ群等信息交流平台，进行宣传、信息的分享，实现信息分享的透明度；通过定期召开信息沟通会、社区居民大会、股东大会，完善留言板、张贴栏、书记信箱等设施，以问题为出发点，及时沟通、回复，有力地推动了社区居民的利益表达沟通平台，村民的利益诉求被重视，并积极给响应和解决。

2. 建立村民参与机制

通过对村民的培训，提升其认知能力、参与能力，对于村内的建设、开发、规划以及经营等事务，充分征求村民的意见，建立村民主人翁意识。

3. 建立公平合理的利益分配机制

特别是在土地流转问题上，考虑村民的参与性、获益的持久性，在征得村民同意的基础上，可以采取股份合作制，将土地作为股份，按利益相关者入股的比例分配利益，实现利益分配的公平性。有的地方政府不断完善公平的利益补偿机制，充分考虑有些村民失去土地后的社会保障、生态损失等，或者通过改善居住条件、修建基础设施等方式，促进各方利益达到最优。

4. 完善利益保障机制

通过规章制度的建立、普法的宣传教育，规范各利益主体的行为，并引入第三方监管机制，发挥公平的监督和评估作用。

（二）典型案例

山东淄博博山区池上镇西南部的中郝峪村，其"综合性发展的郝峪模式"成为乡村振兴的典型案例。中郝峪村113户，364人，坚守"以农民为主体，让农民共同富裕"的发展理念，形成"公司＋项目＋村民入股"的综合性发展模式。

2011年，注册成立博山幽幽谷旅游开发有限公司。中郝峪村把乡村旅游作为美丽乡村建设的主导产业，农旅融合，旅商融合。

2013年，完成集体产权制度改革，明晰产权关系，实现资源变资产、资产变股份，村民变股民，促进村集体资产保值增值和村民群众致富增收。对村集体所有的山地、林地、塘坝等资源性资产，沿街房等经营性资产，卫生室、学校、村"两委"办公场所等非经营性资产进行全面清查和评估,评估结果作为量化股权的依据。对村民土地、房屋、承包地、劳动力进行作股量化,对地上附着物,桃树、板栗树等经济树,按照寿命和胸径进行作价入股,木材树按照胸径寿命进行作价入股。承包山坡地、承包山的经营权,按照原承包费20年的总价进行作价入股。以公安系统核查的户籍为依据,确定村集体经济组织成员资格,登记为村集体股份公司股民,享受集体经济组织成员股收益、分红。同时,村集体合作医疗、养老保险等福利待遇。设置总股本,持股情况,转让继承等规定,盈余分配,公积金,公益金,股权分红,村集体收入。成立董事会和监事会,每个月召开股东大会公布账目,每年公司聘任部门进行述职报告,通过述职总结报告制定下一年工作计划和下一步发展方向,每年年末对全村工作进行大数据统计,定量定户确定种植养殖计划,改变整个村庄的供给平衡。

中郝峪村不仅积极开展集体资产股份制改革以增加村民收入,而且积极创新乡村治理改革。该村创新党支部、村委会、集体经济组织协同治理新机制,在乡村发展中定岗定责,协调村委会、股份公司、妇女、治保等群众组织积极管事、做事。贯彻村民自治,发挥党员先锋模范带头作用,发扬"蜜蜂精神",带领村民参与村级事务管理,充分调动其积极性与主动性。村"两委"的威信全面提升,村务管理更加民主科学,全村加快发展的信心和决心坚定,为提升村级党组织科学化建设水平奠定了深厚的群众基础。

中郝峪村的综合性发展模式,已经在全国多个省市乡村得到推广。除了对利益相关者协同发展的成功改革经验外,这个村还有很多可供借鉴的好的做法。

(1) 注重保护生态环境和原始风貌,乡村建设重在提升村庄村容村貌和基础设施,留住更多乡愁。发展伊始该村就制定了科学合理的《中郝峪村发展规划》,其发展目标、规划内容与乡村振兴的发展要旨做到了高度契合与有效贯彻。

(2) 明确村容环境布局、设计与建设标准要求,全村统一组织实施街道治理、农厕改造、庭院改造、房屋立面整治和公共服务设施建设。路面硬化、通畅,路灯标识牌等设施既实用又具有乡土特色。街道、河道两侧、农宅之间、村内边边角角全部实现绿化,绿地率达到80%以上,最大限度保留古树、旧宅、石墙等村庄原始风貌。对村内河道进行综合治理,形成小桥流水、层层拦蓄、一坝一景的优美景观。

(3) 转变发展方式,树立经营村庄的理念,充分利用乡村的原生态资源特色和民俗文化等因素,培育新产业新业态,一是打造生态康养基地,配套康体休闲、无障碍老年活动中心等设施,发展医疗服务、休养康复、农耕体验等服务,逐步形成居住—养老—休闲—康复—医疗等功能完善的新产业。二是打造特色乡村民宿，将有偿回收的闲置房屋更新整治，建成风韵别致的乡村民宿。制定《中郝峪幽幽谷民宿管理服务标准》，严格落实民宿标准化服务，对全村妇女进行家政服务培训，每户院落配有一名管家服务员，持证上岗。三是打造高标准农家乐。统一农家乐管理标准和行业规范，突出接待特色，户户有绝活，旅游接待从户户"游击队"转变为整村"正规军"。

（4）成立旅游发展公司，相继建成游客服务中心、山地自行车赛道、真人CS野战、溪水漂流、休闲垂钓、户外攀岩、密林探险等旅游项目，发展果品采摘、手工艺制作等活动，并定期举办节庆活动，发展农产品精加工，开发板栗仁"大栗丸"和"桃花妖妖""西施伴侣"等产品，提高农产品附加值。中郝峪村不断吸引着大量周边有志青年回乡创业，为家乡做贡献。

五、文化赋能

社会学家费孝通先生的《乡土中国》里面有一个观点，文化得靠记忆，不能靠本能，所以人在记忆力上不能不力求发展，我们不但要在个人的今昔之间筑通桥梁，而且在社会的世代之间也得筑通桥梁，不然就没有了文化也就没有了我们现在所能享受的生活。无论是城镇更新，还是乡村振兴，有一点最为关键，"发展"的同时如何保存"记忆"，保护文化，延续文脉。

文化振兴是乡村振兴中的重要一环，文化和旅游等部门联合发布《关于推动文化产业赋能乡村振兴的意见》，提到文化赋能乡村振兴，是发掘乡村深厚丰富的人文资源和自然资源，推动优秀传统乡土文化保护传承和创新发展的重要渠道，是培育乡村发展新动能，促进乡村产业转型升级，推动一二三产业融合发展的有效方式；是丰富乡村精神文化生活，提升农民文化素养，美化乡村环境，促进乡村文明的重要途径。

（一）文化赋能的功效

文化赋能乡村振兴体现出科学的发展理念，如文化引领、产业带动、农民主体，多方参与、政府引导，市场运作，也逐步探索出各具特色的具体路径，如创意设计、戏曲演出、民俗工艺、数字文化等。

（1）文化赋能乡村振兴，促进城市人才、创意、资金向乡村地区的流动，丰富着乡村的业态；文化创意、设计等产业资源推动了文化与农业、旅游业的深度融合，也传承发展着农耕文明，弘扬着中华美学精神，塑造着乡村时代特色风貌，使其成为承载乡愁乡恋、构筑精神家园的新场景。

（2）文化赋能促进了乡村文化资源的收集整理、活化利用，业态创新，特别是数字技术，创新乡村文化创作、传播、展示的方式，积极对接了现代文化消费需求。同时文化元素也融入乡村规划建设中，以文化带动乡村美学的普及与教育，提升乡村的审美水平和人文素养，塑造了乡村文明新风尚。

（3）文化赋能，多方参与利益联结，成为有效推动乡村振兴的有力保障。充分调动村民的积极性，增加村民对乡土文化的归属感与认同感，同时发挥乡村文化能人、非遗传承人、工艺美术师、民间艺人等带头作用，提升村民的参与度。坚持引育，建立汇集各方人才的制度机制，发挥各类外来人才的联动作用，推动文化赋能的可持续性发展。积极引进企业和社会资本投资的支持举措，促进培育乡村的现代产业体系、生产体系和经营体系，强化政策指导，引领社会资本参与并推动文化赋能乡村振兴。

（二）典型案例

全国各地探索文化赋能乡村振兴的热情很高，有许多成功的经验和有益的做法。山东省临沂市沂南县朱家林村是其中的佼佼者。这个村改革创新，完善、丰富业态，实现生产、生活、生态"三生同步"，一二三产业"三产融合"，农业文化旅游"三位一体"，把园区建设成为融生态美、生产美、生活美于一体的美丽田园、幸福家园，综合解决"三农"问题，是文化赋能乡村振兴的典型代表。

1. 基本情况

朱家林村隶属于沂南县岸堤镇，是山东省贫困村，以种植花生、玉米等传统农作物为主，常住多为留守老人，年轻人大多不愿留村发展，村中一半房屋空置。为帮助朱家林村尽快脱贫，沂南县启动朱家林村创意小镇建设，在创意小镇基础上，建设了田园综合体。2023 年，全国"乡村文化产业创新发展"大会上，朱家林田园综合体被评选为"主题园区"类典型案例，起到引领带动的作用，其获奖要点是：激活新动能新活力、拓展新业态新空间、推动乡村文化产业的创新发展。

2. 特色研究

（1）总体布局合理。朱家林田园综合体以"创新、三美、共享"为发展理念和总体定位，遵循"保护生态、培植产业、因势利导、共建共享"的原则，以农民专业合作社、农业创客为主体，以创意农业、休闲农业、文创产业为核心，规划布局为"一核（两辅）两带五区"："一核"是朱家林创意小镇（"两辅"是石旺庄省委党校岸堤校区、柿子岭乡伴理想村）；"两带"是小米杂粮产业带、高效经济林果带；"五区"是创意农业区、田园社区、电商物流区、滨水度假区、山地运动区。发展目标是推动基础设施、产业支撑、公共服务、环境风貌"四个建设",打造土地流转交易、青年创客、电商物流等"三大平台"。通过三年左右时间,实现朱家林田园综合体生产、生活、生态"三生同步"、一二三产业"三产融合"、农业文化旅游"三位一体",积极探索推进农村经济社会全面发展的新模式、新业态、新路径,基本建成以政府为引导,以农村集体组织、农民合作社为建设主体,以农业、旅游、文化方面的创新创业为方向,青年创客、社会资本广泛参与的,集创意农业、农事体验、田园社区于一体的"独具特色的创意型田园综合体"(图3-1)。

(2)产业布局均衡。朱家规划布局中的"小米杂粮产业带"以传统的小米、花生、小麦等为主;"高效林果产业带"以柿子、油杏、蜜桃、草莓、车厘子等为主,此外,还建设有蚕桑园、中医药园、石榴园、香草主题园、无花果农场等新型经济作物园区,兼顾采摘观光功能(图3-2)。

"创意农业园"借助创意产业的思维逻辑和发展理念,拓展农业功能、整合资源,把传统农业发展为融生产、生活、生态于一体的现代农业形态。"农事体验园"由多个独立的主题体验园和休闲园组成,含朱家林葡萄酒、田间地头有机农业、朴门创意农场、"沂蒙大妮"品牌农业、金利和"十六园"、白云山沂蒙茶圣园、大峪庄乡村书院等。

(3)旅游产品丰富。2022年年底,朱家林旅游区评为国家AAAA级旅游景区,旅游得到全方位的提升。

食:有田园客厅、萤火虫酒吧若水西餐厅和农家乐等多种场景。

宿:拥有燕泥民宿、青年旅社、织布民宿、青岚民宿、木作民宿、创客公寓、原舍·柿家等多种风格的特色住宿,能够满足游客住宿的个性化需求。

娱:手工扎染、烙煎饼、桑果采摘、蚕丝制作、野炊等农事活动体验项目丰富。

购:朱家林品牌美术馆、非遗文化馆、农夫集市等窗口布置合理,供本地陶瓷、布品、手工艺品、文创产品等旅游产品。

研:朱家林发布了官方和社会的认可田园综合体地方标准;党政调研考察、学生研学、团体游发展较快,还编制《朱家林研学旅行课程指南》,开发桑蚕文化、农耕农事、非遗民俗、自然教育等主题研学课程,建有乡村生活美学馆、朱家林兵站、非遗文化体验馆、小草美术馆、民间艺术体验馆、草木迹敲染馆、汉画像石拓印馆、蚕宝宝家庭农场、老屋茶馆、天河养生谷等研学场馆。

活:朱家林田园综合体开发了农民丰收节、青年集体婚礼、自行车赛、创意年集、民俗展、摄影展、全民马拉松赛,引入文化旅游讲解员大赛、新乡村生活节等赛事节庆活动,文旅活动日益丰富,先后被评为"山东人最喜爱的乡村旅游目的地""全国百佳旅游目的地"。

图 3-1　朱家林田园综合体总体规划图

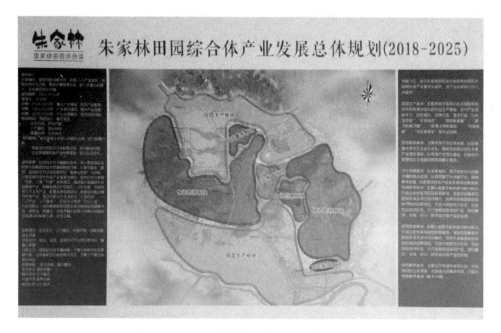

图 3-2　朱家林田园综合体产业发展总体规划

（4）人居环境改善。朱家林村在人居环境改善过程中，尊重传统、尊重自然生态，充分展示出"在地性"的建造观念，充分保留村落原有肌理、形式、材质要素，通过新功能的植入及因地制宜的在地营建，恢复村庄活力，同时提升村民生活品质。实施退耕还草还林，推行绿色种植，对生活垃圾、污水进行无害化、资源化处理。完成水系修复、水肥一体化工程，绿化彩化山体 4000 余亩，栽植树木 160 万株。道路、水系两侧绿化 22.3 万 m²，建设塘坝 32 个，蓄水量 30 万 m³；形成景观水系 5.4km，保护和提升了山区生态。

朱家林田园综合体采用乡土植被，保留了野草，还分别栽了蒲苇、芒草和狼尾草，都是多年生的宿根草本。形成近水楼台、滨水驿站、紫色花海、乡愁楸林、莲动绽放、鸢尾乡情等六大景观节点。卫生间带有极强的设计感：六个金属外观的独立卫生间，掩映在生态树林中，金属映射着外部的绿树，卫生间与环境巧妙地融为一体。另一处卫生间红色砖石搭建，玻璃门后别有洞天，卫生间内的中庭是一处镂空的玻璃天井，阳光洒进来，洗手盆正对长条形大窗户，外面的景色映入眼帘（图 3-3）。

图 3-3（一）　朱家林田园综合体

图 3-3（二）　朱家林田园综合体

（5）建筑的改造更新。

1）老屋茶馆。典型的石头构造四合院，老榆木木板搭建的木棚下，几张门板做成的茶桌，主屋内部改造成老旧物件的小展厅（图 3-4）。

2）乡村生活美学馆。乡村的公共活动广场中心，形体为长方盒子，嵌入到两侧老房子围合的空间中，立面布置细长的窗户，通透感十足（图 3-5）。

图 3-4 老屋茶馆

3. 案例启示

项目开展初始就成立了指挥部、管委会、平台公司、镇政府和村庄"五位一体"的系统化推进机制。指挥部负责规划建设、项目招引、人才引进以及社会管理等;管委会负责综合协调、资金管理、资产运营、宣传招商等;平台公司实行市场化运作,吸引社会资本、经营主体、乡村创客等各类群体参与乡村建设;镇、村负责群众工作、土地流转等社会事务工作。

图 3-5 乡村生活美学馆

(1)规划先行。高标准编制的《朱家林田园综合体建设总体规划》《朱家林生态环境保护规划》,统领"一核两带五区"建设。《产业发展规划》把文创、农创、原生态+、半农半 X 等具有创新性、方向性、引领性的一二三产融合项目作为产业发展方向和目标。

(2)文化赋能。朱家林以乡村文创产业聚集的创意小镇为核心和特色,以农业、旅游、文化方面的创新、创业为方向,探索建设机制创新和融合发展的新平台、新载体和新模式,努力打造独具特色的创意型田园综合体。

(3)人才战略。《朱家林田园综合体扶持发展奖励办法》设立发展专项基金,在高层次人才引进、创客项目扶持、新型经营主体落地等方面给予扶持。工作生活上给予支持,为创业者提供工作、生活空间和基本保障。科研平台、社区中心、培训中心、多功能会议室等公共服务设施和文化休闲娱乐空间,为村民、创客、游客提供便利。

(4)多元化运行。搭建数字平台,以科技助力乡村振兴。将大数据、云计算、区块链与人工智能硬件跨界融合、智慧物联,为运营提供数据支撑与决策。

盘活村集体存量建设用地，通过招拍挂或三权分置方式运营集体资产。村级公共资源，如柿子岭村道路、水利设施等公共资源估价后，入股参与柿子红理想村的开发建设。发挥群众主体作用，成立建筑施工、物业保洁、环境绿化、果树种植、手工民俗等农村专业合作社，参与建设管理；开办农家乐、民宿等自主创业；盘活闲置院落，进行土地流转，流转用于民俗改造和其他经营性项目，村民获得稳定收益。

第四章

乡村振兴战略下农村人居环境与旅游发展的理论研究

一、乡村振兴战略下两者可持续发展的定位

（一）顶层设计，规划先行

1. 顶层设计

乡村振兴工作首先要强化顶层设计，紧随上级政策导向，精研政策要求，在发展目标、发展路径、发展动力上对标更高标准，顶层设计是关系到乡村振兴工作开篇谋局、行稳致远的第一步。乡村振兴讲的是实干，国家战略规划作为引领，将任务按照"远粗近细"的原则，分别列出了 2020 年的框架形成；2035 年农业农村现代化基本实现；2050 年乡村全面振兴、农业强、农村美、农民富全面实现。法律法规作为保障，重要行动和工程作为支撑，包括国家质量兴农战略规划、实施数字乡村战略等，实施农村人居环境整治三年行动计划、产业兴村强县行动等，以及建设重大高效节水灌溉工程、实施智慧农业林业水利工程、切实保护好优秀农耕文化遗产等。顶层设计中，农民关心的具体小事也都有全面部署，包括农村厕所革命、有机肥替代化肥、畜禽粪污处理、农作物秸秆综合利用、废弃农膜回收、病虫害绿色防控，在村庄普遍建立网上服务站点等，自上而下，认识及步调协调一致，真正落实农业农村的优先发展。

2. 规划先行

2019 年，习近平总书记提出，"实施乡村振兴战略要坚持规划先行、有序推进，做到注重质量、从容建设"，要"通盘考虑土地利用、产业发展、居民点布局、人居环境整治、生态保护和历史文化传承，编制'多规合一'的实用性村庄规划"。

编制"多规合一"的实用性村庄规划，后续中央等部门发布的多个文件，指出村庄规划是城镇开发边界外乡村地区的详细规划，是乡村地区开展国土空间开发保护活动、实施国土空间用途管制、合法城乡加上你和项目规划许可、进行各项建设等的法定依据。各地近年的实践也表明，村庄规划在实施乡村振兴战略中发挥了不可替代的作用。

在乡村振兴战略全面推进，城乡关系全面重构、国土空间规划体系全新变革的大背景下，村庄规划有助于村庄厘清发展思路、明确村庄定位、发展目标、重点任务；有助于村庄科学布局生产、生活、生态空间，系统保护好生态环境；有助于统筹安排各类资源的保护或开发，科学进行基础设施及公共服务设施的配给，加快补齐基础设施及公共服务设施的短板，引导村庄科学系统、可持续性的发展。

3. 规划要点

（1）产业振兴。在乡村振兴战略中，第一条就是"产业振兴"，加快培育发展乡村产业和乡土产业，促进农村一二三产业的融合发展，提高农民收入，实现农村经济繁荣。发展产业，空间需要保障，农村产业的发展要考虑一二三产业不同的发展规律、设施配套需求、土地集约化利用、生态环境保护以及技术更新等因素，因地制宜、分类指导，针对不同类型的产业提供不同的空间载体。如对于工业企业，要坚持安排在产业园区集中发展。对于一定规模的农产品加工企业，尽量布置在县城或有条件的乡镇城镇开发边界内聚集。对直接服务种植养殖业的农产品加工、电子商务、仓储保鲜冷链、产地低温直销配送等产业，原则上应集中在行政村村庄建设边界内。对于发展休闲观光旅游而必需的配套设施建设，在不侵占永久基本农田和生态保护红线、不突破国土空间规划建设用地指标等约束条件、不破坏自然环境和历史风貌的条件下，可在村庄建设边界外就近布局。

（2）基础设施。统筹布局基础设施、公益事业设施和公共设施。如以县域为整体城乡统筹考虑，对于与城区、城镇距离较近的村庄，可将其纳入城镇生活圈，引导城镇市政公用设施和公共服务设施向乡村延伸和覆盖；在配置标准上，把乡镇建成服务农民的区域中心，既要保障合理需求，也要注意与本地区经济社会发展阶段相适应，量力而行，尽力而为；要注重村庄与村庄之间基础设施和公共服务设施的共建共享，以及各类设施之间的复合利用，提高资源利用节约集约水平。

（二）"两山"理论，生态优先

"两山"理论是习近平生态环保理念的重要表述，"我们既要绿水青山，又要金山银山。实际上绿水青山就是金山银山"。"两山"理论本质上反映的是人与自然的对立统一关系。马克思穷其一生在探寻"人和自然、人和人之间矛盾的解决",其生态思想深刻影响着当时的人类对于人和自然关系的认知。与马克思所立足的 19 世纪相比,如今世界的环境问题已经发生了巨大的变化,"两山"理论科学把握了生态环境保护与经济社会发展的内在联系,是实现人类社会与自然界良性互动的科学指南,建设山青水绿的美丽中国必须在发展和生态问题上形成全新的绿色发展模式。

"两山"理论体现了辩证思维、系统思维、底线思维、绿色思维,是一种绿色发展观。

生态环境的保护问题归根到底是经济发展方式问题,绿色发展理念融入经济社会发展各方面,在发展中保护,在保护中发展,实现经济社会发展与人口、资源以及环境的协调运转。"山水林田湖草是一个生命共同体",生态系统的整体性以及系统性,需要统筹考虑自然生态要素、山上山下、地上地下、陆地海洋以及流域上下游等进行整体保护、综合修复,达到系统治理的最佳效果。底线思维是指坚持好发展底线、生态红线。生态红线也就是国家生态安全的底线和生命线。最严格的制度、最严密的法治才能为生态文明建设提供可靠保障,构建生态廊道和生物多样性保护网络,才能提升生态系统质量和稳定性。

生态文明建设已经被写入宪法和《中国共产党章程》,这一战略思维凸显出建设美丽中国的重大现实意义和深远历史意义。战略思维需要与实践策略紧密结合,落到实处。绿色思维展示出的是生态智慧,绿色发展、循环发展、低碳发展是基本途径,培育绿色生态文化是重要支撑,以此做好具体实践工作,使青山常在、绿水长流、空气清新,人民生产、生活在良好健康的生态环境中,实现全面发展。

(三) 立足地域,文化先行

提高乡村社会文明程度,焕发乡村文明新气象。推动乡村振兴,必须坚持物质文明和精神文明一起抓,丰富农民群众精神文化生活,培育文明乡风、良好家风、淳朴家风。借助传统文化,健全自治、法治、德治相结合的乡村治理体系。激发调动群众积极性主动性创造性,充分发挥群众的集体智慧。同时,要切实保护好农耕文化遗产,挖掘蕴含的思想观念、人文精神、道德规范,发挥其在凝聚人心、淳化民风中的作用。

传承乡村文脉,展现乡村新风貌。蕴含优秀传统文化的乡风乡情、家规家训、民俗技艺等,是乡村文脉的现实体现,传承文脉,需要加强公共文化服务建设,推动公共文化资源向乡村倾斜,丰富农村文化业态,提供更多更好的公共文化产品和服务，推进基层综合性文化服务中心建设。

深挖文化资源，激发创造活力。积极促进文化资源和其他产业的融合，提高文化的附加值，盘活戏曲文化、民间服饰、工艺美术、民俗节庆等文化内容，实施产业化发展，形成具有地方特色和文化韵味的特色经济。通过提炼乡村自然资源的文化价值，发展农村手工业、乡村文创，让传统村落焕发新生、农业遗产重现活力，为文旅产业发展提升品牌内涵和文化意义。

在保护传承的基础上，创造性转化、创新性发展，赋予其时代内涵、丰富其表现形式，持续释放乡村文化的内在魅力，增强乡村振兴的内生动力。

（四）凝聚人才，数字赋能

乡村振兴战略中提出人才战略，是要培养有能力、有真才实学的专业人才，是要运用政策、机制、机会等方式，吸引社会各类人才前往农村进行建设，健全乡村人才工作体制机制，强化人才振兴保障措施，培养造就一支懂农业、爱农村、爱农民的"三农"工作队伍，提供有力的人才支撑。在乡村振兴战略持续推进的过程中，通过产业、艺术、技术等介入的手段，借由平台的工艺力量和产业链力量，发挥企业的社会责任感，助力实现乡村文化振兴、产业振兴。

人才是乡村振兴的重要支撑，各地各村对于人才的需求有所差异和侧重，根据自身发展方式向有的放矢的引育，如农业生产经营人才、农业二三产业发展人才、乡村公共服务人才、乡村治理人才、农业农村科技人才这五类人才。与此同时，乡村人才振兴也要因事而化、因时而进、因势而新，不仅要善于挖掘身怀绝技、术业有专攻的专业人才，还要及时将那些因时代而生的诸如农播客、农创客、土专家等"特殊人才"纳入人才视野。高技能、高技术、高素质人才的引进一直是乡村的人才引进瓶颈，顺应时代潮流的发展趋势，可以创建人才共享机制，如打通借调式、挂职式、兼职式、咨询式等多样化人才应用模式，还可以探索"互联网＋人才服务""周末专家""假日专家""知识产权股权投资式共享""合伙人式共享""候鸟式共享"等新模式，实现人才资源交流合作、人才信息共享共用。

数字技术是联系乡村世界的重要链路，数字科技赋能乡村振兴，是加快建设农业强国、推进农业农村现代化、实现共同富裕的重要抓手。"为新农人提供新农路"，移动互联网已渐渐成为乡村价值与乡村发展的开放平台。

首先，数字化农业生产是核心。以物联网技术为基础的智能农业生产借助智能设备、远程控制技术，科学控制施肥、阳光、温度等，提高农产品质量并节约肥料与人力投入。

其次，数字化供应链是支撑。农产品交易全供应链的闭环，商家端、物流端、供应端等多个端口对信息实现实时掌控，实现农产品流通与物流配送的一体化。电商、直播与线下乡村文旅的结合，也是乡村振兴发展的新场景、新模式。"新农人"提升新媒体技能，打造自己的 IP 和农产品品牌，可以有效地实现乡村的自我造血、链接资源、打开农产品上行通道，同时加速区域公共品牌建设、传播乡村旅游目的地，为乡村振兴培育内生动力。

最后，农村数字金融日臻完善。金融科技与农村电商不断结合，加快了数字普惠金融产品服务创新的多样化与实用化。数字金融提供的信贷产品和"保险＋期货"服务较为广泛，未来如何与数字技术的场景相结合将是新的发展趋势。

二、乡村振兴战略下两者可持续发展的策略

为了更加全面、准确地把握农村人居环境和乡村旅游地可持续发展的策略，我们从人居环境、乡村旅游、产业发展、社区管理几个方面，结合案例研究，探讨分析可资借鉴使用的策略。

（一）生态文明、多规合一的政策引领

党的十九大提出乡村振兴战略，将乡村发展建设推向国家战略高度，乡村规划数量和类型比以往更加丰富，主要包括镇总体规划、村镇体系规划、村庄规划，以及保护规划类如历史文化名村保护规划、传统村落保护规划等，近年来出现了各类以需求为导向的"解决问题型"和重在引导行动的"行动指导型"规划类型。譬如，注重乡村生态环境与资源保护、经济产业发展、风貌与文化传承以及社会稳定的美丽乡村规划；建设决策先行、注重各项建设项目落实的县（市）域乡村建设规划；以村庄人居环境整治为主的村庄整治规划；整合自然人文资源、促进旅游产业发展的乡村旅游规划；此外还有农业产业示范区规划设计等多种规划类型。并且，在建设美丽乡村的大背景下，乡村建筑设计和景观设计也受到越来越多关注。

【案例一】 中国台湾的田园城市理论及实践

台湾地区的乡村发展起步较早，已经形成了多种成熟的休闲农业和乡村旅游发展模式，其特色定位、规划设计、游憩设计、产业链打造等成功经验，利用农村农业资源，制定合理的顶层设计，推动休闲农业和乡村旅游的发展，助力乡村振兴。20 世纪 70—80 年代，台湾城市快速发展过程中，宜兰这个偏远且贫困的农业县，选择的是"环境

质量优先"的发展道路。经过 30 多年的发展建设，今日的宜兰县已成为台湾最具有竞争力的县市之一，居民的生活满意度遥遥领先台湾其他县市。

宜兰位于台湾东北部，总面积为 2143.6km²，下辖 1 市 3 镇 8 乡，2014 年人口约为 46 万人。三面环山，一面环海，境内多山多雨，地域文化浓厚。兰阳溪将全县境内分为南北两部分，溪北的宜兰市是整个宜兰县的政治中心，溪南的罗东镇为宜兰县的副中心。2006 年，通车的蒋渭水高速公路使宜兰县成为大台北 1 小时生活圈的一部分。

1994 年版的宜兰县总体规划采用了由田园城市理论发展而来的"城市组团体系"模式，通过新加坡田园城市建设经验的引进与本土特点的融合，宜兰 30 年的实践事实上是创造了田园城市的一个台湾版本，其规划远见与实践成果在台湾已受到了广泛认可，提出根据县域资源的开发极限进行土地利用、交通网络及基础设施的综合规划，并制定了短、中、长期的发展导向蓝图，分别以 2015 年，2030 年和远期为发展年限。按照当时的构想，宜兰县在北宜高速公路通车以后，逐步完成第一期建设，当人口达 62.5 万时，则进入第二期的建设，当人口达 80 万时，则展开远期的建设。

规划中还提出优先划定生态环境敏感区，在县城总体规模确定之后，宜兰县依据生态数据研究，首先，为整个地区的发展划设了"环境敏感地区"，以此控制整体格局的发展。环境敏感划设地区面积包括自然保护区，森林和山坡地保护区、高生产力农业与旅游景区等，占宜兰县总面积 90% 以上。其次，在环境敏感地区之外，宜兰县根据各乡镇发展情况界定出"主要发展区"，用来收拢发展的范围，避免混乱与破坏生态。在发展强度上，宜兰县城镇组团采取中、高密度紧凑发展。每个城镇组团都配置较多数量与高质量的公共设施服务，基本可以达到田园城市理论中提出的组团内自给自足。

提出多业态融合的新农业发展模式。宜兰县在城镇化发展过程中提出了由传统农业向新农业，文创产业、旅游产业转变的发展路径。在城镇内部建设上，面对有限的财政，政府没有建设宏大的大型工程，而是采取了类似巴塞罗那式的"城市针灸疗法"，根据城镇的需求陆续在各个组团改建和创建许多高水平的公共设施，进而组成一系列的旅游产品。

在组团旅游特色营造上，政府实行了组团差异化发展的策略。针对各个组团的资源特点，发展了一批公共项目，由于财政支出有限，宜兰县的许多旅游项目在实际操作中事实上是与组团公共设施相互"混合建设"的,而不是创建一批远离市民生活的"面子"工程,政府相信只要城镇组团环境优美,设施丰富必定能吸引大量游客前来。

景点与公共设施的建立、观光资源的整合,以及活动的推广为宜兰县的观光产业奠定了稳固的基础,绿色产业成为兰阳平原最主要的经济活动。今天宜兰县组团的高质量生活与兴旺的旅游业很好地证实了"公共项目混合建设"策略的成功,许多观光景点不仅承担着季节性的旅游服务,平日也都在为城镇市民的基本使用发挥着积极的作用。

作为田园城市理论的实践,宜兰县的发展模式继承了本体理论多尺度单元的特性,同时也结合小城镇自身特点开拓出独特的建设路径与实施策略,宜兰城市实践展示了落后农业城镇走向发达田园城市的一种可能,另一种以环境品质为目标进行长线发展的可能。其发展模式,对于我国在未来的城镇化浪潮中创造生机勃勃,风景优美的城镇群体提供了良好的启示。

(二) 新业态、新模式的开发策划与推广

1. 田园综合体

田园综合体是依靠乡村资源,集现代农业、休闲旅游和田园生活于一体的多业态融合发展模式。田园综合体目前已成为乡村振兴的重要实践模式。这种模式通过产业联动、功能互补的综合开发项目,形成空间强聚集效应和强经济带动能力的多功能聚集区,成为推动乡村振兴、融合城乡发展的重要载体。田园综合体是产业、科技、业态到区域社会综合发展的升级,是优化农村产业结构,促进三产深度融合的主要抓手之一。田园综合体具有如下几个特征:

(1) 具备良好空间资源的地块极为重要。土地资源决定着田园综合体的规模,影响着乡村旅游产品的配比结构,地域自然资源,如滨水型、湿地型、农田型和山岳型等决定着打造何种项目类型以及核心吸引物。以乡村民居为载体,与当地生活文化、乡村生活、田园景观环境、农业生产等当地资源有机结合,它是一种植根于当地文化和乡村环境的休闲生活方式。乡村和田园是天然的结合,可以相辅相成。

(2) 产业联动是导向。传统农业从单一的第一产业扩展到第二产业和第三产业,传统农业向现代农业的进步,可以促进乡村旅游、休闲度假和观光农业等第三产业与第一产业的良性互动。乡村的旅游资源和土地资源为主,发展创意农业、循环农业,融合乡村观光、游乐、休闲、运动、体验、度假、会议、养老等多种功能,建立起互相依存、互利互惠的产业关系,从而使田园综合体

成为一个多功能、高效益和有机的经济综合体。

（3）文化是灵魂。田园综合体要把当地风土民情、村规民约、民俗演艺等发掘出来，让人们可以体验农耕活动和乡土生活。

（4）体验为动力。田园综合体不仅能够提供田园风光，还能提供农耕、摘果、收割和养殖的乡村乐趣，强调游客的更多参与性，为游客提供逼真的场景体验，充分调动游客的感官，使其获得满足感和亲切感，加深印象，获得物有所值的体验，真正打造"田园旅游休闲集聚业态"，迅速加速乡村经济发展。

（5）区域发展是目标。田园综合体是从地域空间开发和农村发展角度提出的，是我国城乡统筹发展的新模式，以城市带动乡村、工业反哺农业，可形成城乡发展一体化新格局。

2. 乡村康养

乡村康养是一个以健康产业为核心，集健康、旅游、养老养生等多种功能于一体，结合健康疗养、医疗美容、生态旅游、文化休闲、体育运动等多种业态于一体的康养产业模式。

（1）乡村康养有几大资源：景观、人文、农耕、饮食、环境：

1）景观资源（以景养生），乡村的山、水、田、园、花、虫、鸟、兽等都给人以静美闲适的享受，助于释放郁闷与压抑。

2）人文资源（以和养生），乡村在发展中逐渐形成的人、天、地和谐统一的相处方式，是以和养生的基础。乡村中的文化习俗、传统节庆、生活习惯、农耕体验、民俗艺术和非遗文化等可以陶冶身心，增长见识。

3）农耕活动（以动养生），长期劳作实践中逐渐形成的朴素的养生理念。人们体验农耕文化，感畏天地，修身养性。

4）饮食资源（以食养生），体现在时令养生和有机养生两方面。

5）环境资源（以睡养生），乡村中的各种声音更易于健康的生物钟的养成，促进深度睡眠，进而实现"以睡养生"的目的。

（2）乡村康养的发展模式主要有：

1）文化驱动型。"养生"与"养心"融为一体，依托乡村文化底蕴，从国学文化、中医药文化、药膳、长寿、武术、太极、饮食、民俗风情等方面挖掘康养因子，结合乡村发展需要和市场需求，打造文化康养模式。如依托长寿文化，挖掘乡村中的饮食文化、种植文化、健身文化等要素，利用长寿文化推动长寿经济的形成，逐步形成以长寿为核心的文化康养产业模式。

2）资源驱动型。依托和利用乡村突出的资源，比如依托地理标志的药材种植优势打造药材康养，依托温泉资源打造温泉康养，依托森林资源打造森林康养，依托生态资源环境打造生态康养，此外还可以打造海洋康养、湖泊康养、田园康养等多种模式。

3）产业驱动型。依托原有的产业基础，联上融下，打通整个康养产业链：上游链包括生产与制造，如医药种植、医药研发、保健食品等；中游链包括康养服务、消费和物流，如养老、医疗、旅游、体育等；下游链包括配套服务及其衍生体验，如艺术、科技、创意等行业。比较典型的例子是依托中医药产业优势，采取"中医养生＋旅游"形式，打造融中医药文化、康复理疗、养生保健体验于一体的健康旅游基地。

4）功能驱动型。依托乡村的产业及资源基础，打造功能型康养模式，如运动康养型（山地运动、水上运动、户外拓展、定向运动、极限运动、徒步旅行等）拓展体育、旅游、度假、健身、赛事等业态的深度融合。医疗康复型（中西医疗、心理咨询、康复护理、医药医疗科技、医疗设备、复健器材等康养服务），将优质的医疗康复咨询服务与旅游度假结合。居住养生型，以健康养生为理念，以度假地产为主导形成的健康养生居住、健康养生、休闲旅游为核心功能的康养模式。

5）综合创新型。乡村内没有明显的特色资源，通过产业引入等形式，植入康养相关特色功能，以健康养生养老为主题，以医疗服务、康复护理和养老养生为核心业态，植入大健康产业、体育运动产业等开发，发展慢病疗养、美容保健、运动健身等多功能混合型康养产业。

3. 乡村微度假

随着近几年乡村振兴战略的持续推进，乡村旅游市场需求也在不断地提升，尤其是疫情进入到常态化防控以来，越来越多的人把目光从长距离的出游转向了周末或闲暇时间乡村近程的出游，这就加速了城市周边的乡村微度假发展。作为男女老少、短途就可出游的乡村微度假，逐渐成为大众休闲度假的热点需求和文旅需求的发展模式，在未来的发展空间也很大，主要体现出四大发展热点：

（1）"景区＋"微度假。依托周边成熟景区发展的乡村，在政府的引导下统一规划，激发企业的参与，鼓励村民创业，发展乡村微度假目的地，并通过丰富的自驾游、家庭游等活动，营造共生的旅游目的地。

（2）"旅居＋"微度假。依托"住"为核心要素发展起来的微度假目的地，如市郊的一些精品化民宿，或是以温泉、滑雪为主题的度假微酒店，通过非标准特性和微度假场景的打造，演化成完整生活方式的一种载体，游客在此，只需参与民宿、酒店的诸如＋采摘、＋乐园、＋剧本杀、＋培训等文化体验或主题活动，就可以满足旅游度假的需求。

（3）"户外营地"微度假。这种度假形式满足大家对大自然、田园草地的渴望。依附于美丽乡村、乡村景区的配套型营地，选址一定需要选在景观开阔、环境优美、地势平坦处，还要保证充足的项目用地，功能内容需要包括宿营区、休闲娱乐区、综合配套区，空间布局尽量采取均匀型、辐射型布局，注意道路交通、光照通风等条件的影响，根据营地的星级水平选择装备的基础与服务。最重要的是营地的建设坚决不能破坏自然，对可能造成的污染环境做提前的考虑。

（4）乡村文旅综合体。这种形式是文化、旅游、农业结合的产物，可以形成一个独立性、综合性的旅游目的地，除了满足微度假功能，还能成为统筹一二三产业融合发展一体化的项目，其居住类产品可以成为居民的"第二居所"。这需要善于用村民闲置的农房、村集体闲置资产及闲置用地等资源，探索设计旅居养老综合体或者乡村康养综合体等产品，并配置社交服务、文化体验、美食体验、科普教育等业态，形成"1＋N"的模式，塑造主题化、多业态、闭环化、一站式的微度假目的地。

（三）多样化、全域性乡村旅游目的地打造与管理

多样化旅游目的地体现为旅游相关产业的多样化和旅游产品的多样化。旅游相关产业的多样化是指旅游目的地需要构建相对完整的旅游产业链，即在旅游产业体系内，旅行社业、住宿业、餐饮业、景区业等应更加完备。

乡村旅游在欧美发达国家被称为绿色度假，发展较早，也较为成熟。欧美国家的乡村旅游度假有两种形式：一种形式作为休闲观光式的度假方式，住在农民家中，观赏周围的自然风景，到附近原生态的池塘里钓鱼、游泳，吃着农家自产自制的饭菜，学习农家制作果酱、葡萄酒的方法，感受农家休闲的生活方式；另一种是参与式度假方式，参与农业劳动。

【案例二】 波兰热拉佐瓦沃拉

将农业与旅游元素进行融合是大部分波兰村庄发展乡村旅游的主要内容。波兰是欧洲一个重要的农业生产国家，农业用地占土地总面积近60%，农村就业人口占总就业人口多于30%。由于乡村旅游能够提供自然舒适的环境以及低价优质的服务，满足了民众近年来休闲度假游的需求，从20世纪90年代开始，波兰政府将从事生态农业的农村地区认证为生态农业旅游区，推进乡村旅游与生态农业的融合，数以万计的农场专业从事农村旅游业，现有的200万个农场中，有上万家农场专业从事乡村旅游业，他们探索传统文化的特点，进行有针对性的发展，在农场之间进行差异化管理，注重体验，注重休闲，注重亲

子旅游，避免同质化和低水平重复建设，形成了一批各具特色的乡村。

1. 加强合作与协调

从事乡村旅游的农场联合成立地方农业观光旅游协会，协调推动会员发展农业旅游。除了绿色生态项目吸引游客，农场还会提供附加活动项目，如迷你动物园、儿童动手挤牛奶等。

2. 发掘文化元素，打造特色品牌

乡村旅游的发展不仅提高了波兰农村的生产效率，还对欧洲的旅游市场产生了深远的影响，文化乡村旅游更是成为东欧旅游的主打特色，发掘文化元素，打造特色品牌。波兰首都华沙西部50多km处的村庄"热拉佐瓦沃拉"，波兰著名音乐家肖邦诞生于此，成为这个乡村的金字招牌。村内以此为特色打造基因，建有肖邦故居纪念馆，白房绿树，院内矗立着肖邦雕像，院内存放肖邦少年时期的作品以及使用过的竖式钢琴。每年5—9月，村内举办肖邦音乐节，每个周末来自世界各地的音乐家云集于此表演肖邦作品，大量游客纷至沓来，这里的民宿一房难求，村民们从事相关的旅游产业，比如开设家庭旅馆、生态农场及与肖邦文化相关的产业等。除了名人效应外，还有个村子叫"萨利派"，被称为"波兰第一花乡"，但这个村子并不出产鲜花，而是村子内无处不在的彩绘花朵，学校、住宅、桥梁、谷仓，随处可见充满波兰特色的彩绘花朵，这项彩绘传统可以追溯到100多年前，与彩绘相关的如刺绣、木雕等艺术衍生品也广受欢迎。村民们在务农之余，经营民宿或是特色商店，收入大增。

【案例三】　意大利多样化的乡村旅游建设

"五渔村"是意大利面积最小的国家公园，由五个村庄组成，通过栈道和铁路相互连接，位于高山、陆地和大海的交汇之处，是特色的资源带动型乡村，也是全域乡村旅游的典范。其全域旅游发展的特征表现为以下几点：

（1）全交通生态覆盖。村内外主要交通方式有火车和步行栈道，海景和乡村风貌是五渔村最大的生态标签，村内每段登山步道均有自身主题特色，做到与海互连，增强游客对乡村的地方感。

（2）全空间文化串联。村民在海岸筑建房屋、筑石墙、改造梯田、种植葡萄、橄榄、柠檬等，村庄悬崖边的建筑样式、梯田式的农业种植、以"五渔村"命名的葡萄酒逐渐成为当地文化的代表。

（3）全业态标识渗透。五渔村选用当地特有的"海鸥"作为形象标识，在火车站附近、咖啡店、纪念品、纪念衫、挂盘等地方随处可见，标识已经渗透到全域公共服务和商业服务中。

（4）全年度节庆营造。每个乡村结合自身的农产特色，打造一系列具有乡土气息的特色节庆。如在蒙特罗索村柠檬节、九月的凤尾鱼和橄榄节，五渔村全年度的节庆体系对于当地村民是一种民俗仪式，给游客则是一种很好的深度体验游。

上面的案例中有很多具体而实用的借鉴意义。

（1）加强不同景区的合作与协调，围绕龙头景区配置旅游产品规划景点布局，完善公共设施体系以及旅游基础设施建设，保证农业景观的可持续发展。

（2）实行通票系统，重新组织公共交通线路，形成便捷快速的交通网络体系，促进城乡旅游产业相关联，实现互联互通、一体化发展。

（3）促进当地居民对民居建筑的修复和改造，加强乡村公共空间的精心打造与管理，增设高质量的服务设施，推动全地域覆盖、全资源整合、全社会参与，逐步推进风景园区、旅游村落、风景观光道等建设，实现"处处是景，时时见景"的旅游风貌。

（4）加强公众和游客的参与，鼓励当地非政府组织和市民组织对乡村进行宣传，与营销专业人员合作，针对高消费文化群体开发品牌影响力，增强市场营销手段，举办主题展览，利用乡村举办文化活动赋予乡村新的内容与形象，扩大乡村的影响力，使公众再次对乡村的主题产生兴趣。

（5）借助"旅游＋"和"＋旅游"的发展路径，加强旅游产业与科研、宗教、教育、体育、文化等行业的深度融合，开创文化休闲、商务会展、生态观光等跨界产品。促进全域旅游要素的整合，增强区域旅游产业的整体竞争力。

（四）艺术＋文化的延续与开发

乡村与艺术的结合已经成为近年来乡村发展的趋势。遍览中外特色乡村建设实例，可以发现，因为艺术，同样是世外桃源，可以有一百种演绎。艺术可以让人们记住乡村生活之美，让人重拾不能割舍的乡愁，满足现代生活的精神诉求。村域文化丰富多彩，既包括民居院落、历史古迹等物质文化，也拥有民俗工艺、戏曲文学等非物质文化，文化与乡村的融合既需要扩大广度，如发展民宿产业同时融入当地饮食文化、村容村貌和自然景观的观赏、手工制作、游玩体验项目等；也需要增加融合的深度，如对民俗文化的利用，除民俗演出、文化展示外，还可推出文化体验产品，如手工作坊、亲身体验等，给予游客更多真情实感和体验乐趣，此外还可以融入互联网、科技等新兴技术，如 3D、5D 虚拟型的沉浸式体验，结合科技、网络、新媒体等现代元素创新产品和融合方式，形成独有特色的旅游产品，进而形成品牌和差异效应。艺术＋文化的延续与开发既有利于乡土文化的振兴和传承，也有利于乡村的升级改造，同时，各种艺术活动也能为乡村引流起到很好的营销作用，乡村环境与艺术行为的结合，不仅能够最大化降低硬件投资，减少运营成本和固定人员工资，还能制造更多的引爆点，达到高频次引流的目的。

【案例四】　日本农业文化遗产建设

2011 年 6 月，在北京召开的第三届全球重要农业文化遗产（GI-AHS）国际论坛上，日本申报的能登半岛山地与沿海乡村景观、佐渡岛稻田-朱鹮共生系统获得批准，使日本成为第一个拥有 GIAHS 保护试点的发达国家；2013 年 5 月，日本借助承办第四届 GIAHS 国际论坛的机会，又一举将熊本县阿苏可持续草地农业系统、静冈县传统茶-草复合系统和大分县国东半岛林-农-渔复合系统成功申报为 GIAHS 保护试点，从而使其 GIAHS 数量仅次于我国而居世界第二位。

（1）被称为里山、里海的山地与沿海乡村景观在日本具有悠久的历史，分布较为普遍，位于石川县的能登半岛山地与沿海乡村景观为其典型代表。这一传统农业系统除了山林、梯田、牧场、灌溉池塘、村舍等农业景观外，还有水稻种植、稻谷干燥、木炭制作、海盐生产和传统捕鱼等传统技术。该地的水稻种植和收割仪式则被联合国教科文组织收录为人类非物质文化遗产代表作。

（2）朱鹮有着鸟中"东方宝石"之称，历来被日本皇室视为圣鸟。其拉丁学名"NipponiaNippon"直译为"日本的日本"，以国名命名鸟名，足见朱鹮对于这个国家的重要性。位于新潟县的佐渡岛曾被认为是野生朱鹮的最后栖息地。目前的佐渡岛，不仅具有丰富的农业生物多样性和良好的生态环境，也已成为朱鹮的生存乐园，形成稻田—朱鹮共生系统。

（3）熊本县阿苏可持续草地农业系统位于日本九州岛的中部，当地人对寒冷高地的火山土壤进行了改良，并建造出草场用于放牧和割草，形成了当前水稻种植、蔬菜园艺、温室园艺和畜牧业相结合的多样化的农业生态系统。

（4）静冈县传统茶—草复合系统处于暖温带旱地种植区，是一种典型的绿茶生产与草地管理相结合的传统农业系统。草地环绕在茶树周围，不仅起到保护茶树根部的作用，也提高了茶叶质量，维持了茶园丰富的生物多样性。

（5）大分县国东半岛林—农—渔复合系统由橡木林、农田和灌溉池塘等组成，其突出的农业生产是利用锯齿橡木原木进行香菇栽培。该系统丰富的农产品不仅为当地居民提供了食物来源和生计保障，其传统的林农管理方式还传承了农耕文化，保护了农业生物多样性。

日本农业文化遗产保护的做法和经验主要有以下几个方面：

（1）政府高度重视。大力支持联合国粮农组织的工作，农林水产省有专门机构和人员负责农业文化遗产的申报与管理，遗产所在县知事和市长亲自参加申报工作，各遗产地设立相应的管理机构，环境省通过"生物多样性十年"等计划对传统农业系统和农业生物多样性保护给予支持，编制专门保护规划与行动计划，将农业文化遗产旅游列入国家旅游发展规划中。

（2）重视产品开发。充分利用农业文化遗产的品牌和良好的生态环境，开发丰富多样的农产品，如朱鹮米、能登海盐等，不仅增加了农民收入，也培养了文化认同；充分挖掘传统农业系统的文化价值，诸如山水景观、民俗、歌舞、手工艺等丰富的旅游资源，发展休闲农业和乡村旅游。

（3）注重综合保护。根据农业文化遗产的系统性、复合性特点，注重农业生产、乡村景观、水土资源、生态环境、乡村文化以及农业从业人员的综合保护。在注重特色农产品保护与开发的同时，特别重视传统农耕技术、农耕习俗的传承和农业生物多样性的保护。

（4）重视能力建设。注重城乡联动，积极探索城市居民的认养制度和志愿者制度，既有助于提高城市青少年对于农业文化遗产的认识，也在一定程度上缓解了劳动力资源紧张的困难；编制各类青少年培训教材，组织社区居民参与科普项目，和有关大学及科研机构合作开展培训活动，鼓励年轻人从事 GIAHS 保护工作；出版相关的图书、视频、邮票等，提高全社会对于农业文化遗产的认识。

【案例五】　日本越后妻有村

日本越后妻有村是日本中北部非常偏远的一片山区乡野，每年冬天，山岭阻挡住了从大海上吹来的风，大雪堆积形成两米高的墙，这里大部分的时间都被大雪覆盖，因此，小说家川端康成描绘越后妻有村为"被白雪覆盖的村落"。此外，这里还位于强震区，有许多陡峭的斜坡和悬崖，自然环境极其恶劣。在这种自然条件下，越后妻有村日益衰败，经济落后，农业生产效率低下，老龄化问题严重，大量的房屋空置，就连学校也被废弃，人们逐渐离开了这里去寻找居住条件更好的地方，越后妻有村慢慢地失去了生机。

应对措施与效果。20 世纪 90 年代，一个名叫北川富朗的人来到越后妻有村，他发现这个村庄四面环山、四季分明、物产丰饶的特色，决定用艺术唤起这里的生机，振兴这个衰落的乡村。自 21 世纪初以来，将近 760km² 的山村和森林在北川富朗的手下变成了一个艺术舞台，他重新探索了现代和传统、城市和村庄之间的联系，从此，大地艺术祭由此成立。为了实现大地艺术祭的初衷"让村庄中的老人们能有一个幸福的回忆"，艺术家们必须帮助当地居民展示生活环境和公共空间，雇用当地工匠，结合优越的自然条件，展示当地传统生活方式与产业。大地艺术祭并非粗暴地把艺术丢在土地上，而是希望艺术能够镶嵌在田野山林的缝隙里，与乡土更具体的结合。

自 21 世纪初成立以来，大地艺术祭每三年举办一次。室内有各种各样的艺术展览，室外有许多公共艺术作品，整个村庄都充满着艺术的气息。展出艺术品的数量从第一届的 28 件增加到第七届的 378 件，吸引了许多人前来参观，这个枯萎的村庄再次变得温暖而充满活力。但是，大地艺术祭刚刚成立时可谓艰难险阻，村民们对这些占据自己生活的土地的外来艺术品并不买账，与地主、地方政府和地方利益的关系都是艺术祭开展的障碍。幸运的是，北川富朗有着坚定的信念，在 2000 年第一届大地艺术祭开始前，他的团队花了两年多的时间在人烟稀少的村庄、学校、农民协会、议会四处奔波，共举办了 2000 多场研讨会。村民们被他的真诚所打动，大地艺术祭逐渐被接纳。日本现存的经典艺术家草间弥生的艺术作品《花开妻有》，巨大的花朵造型加上张扬的形态散发出强烈的生机。我国建筑师马岩松设计的作品《光之洞》通过水面的反射，人似乎融入了山谷的景色成为艺术祭最热门的摄影点。《梯田》用剪影的方式呈现出农民和牛在田野中劳作的场景，让游客充分地了解乡村和艺术之间的联系，使艺术充分融入当地环境。

大地艺术祭为今天越后妻有村的村民们带来了新生与欢乐，游客人数也从 16 万左右增长到了约 49 万，巨大的客流推动着越后妻有村餐饮、住宿等产业的发展，给村民的生活状况带来了极大的影响，生活水平得到改善，收入不断提高，减轻了村民们的负担，村民生活水平逐步提高。大地艺术祭不仅给越后妻有村带来了环境上的美观，更重要的是带来了实质性的帮助，比如，破败的学校、废弃的房屋和荒芜的空地焕然一新，促进了这里的经济发展。三年一届的大地艺术祭，对于原本衰败的越后妻有村来说，在政治、经济和环境上都产生了不可泯灭的影响，并且大大地减缓了政府的压力。

2021年，习近平总书记在清华大学视察时指出，要把更多美术元素、艺术元素引用到建设中，增强城乡审美韵味、文化品位，把艺术成果更好地服务于人民群众的高品质生活需求。艺术介入乡村振兴的路径包括：

（1）传统文化资源的艺术性修复、再生和创新。依托本地特色文化和艺术资源，发掘与活化在地化的文化艺术，改造乡村人文风貌，发展乡村特色产业。这里强调在地性，所有艺术活动要基于本地的自然条件和艺术背景。艺术家需要将自身艺术标准、艺术审美与乡村、村民紧密结合，与当地的自然风貌、风土人情有机融合，引导村民参与艺术带来的创造活力，肯定村民在乡村艺术活动中的主体地位和中心。

（2）重构乡村美学生态。将乡村固有的自然资源、街巷房屋进行艺术修复、更新或改建，这里强调融合性，注重融合"视觉、听觉、嗅觉、味觉、触觉"，提炼出特征鲜明、识别性强的文化符号，构建民众完整的文化感知与艺术体验，引导乡村呈现出能够承载乡愁的新风貌，增强民众的认同感，吸引更多的人关注乡村，并愿意来到乡村度假、定居。

（3）举办节庆活动助力乡村振兴。乡村为艺术家提供艺术创作的背景素材，同时可以提供举办展览或是活动的空间，策划节庆活动，营造深度接触的场景，用阐释阅读的方式，给外来者全新的认知乡村的机会，也会给乡村带来实际收益。艺术活动也给村民创造与外界对话的可能，并借以发现自身的美丽与价值，增强地域自豪感。

近些年，艺术介入乡村在我国的发展日臻成熟，呈现形式也多样化，艺术＋文化在乡村中的实践，也在探索着人与自然的互动共生的新方式。乡村一直是中华文化孕育发展的腹地，艺术的方式给予了乡村重塑理想价值空间的契机，山水自然与人文关怀构成新的审美格局，也带来传统乡村在美学意义上的重生，赋予了乡村新的发展动能与活力，给予了乡村实现"诗意栖居"的可能。

第五章

乡村振兴战略指导下农村人居环境与乡村旅游协同发展体系构建

一、生态环境体系

我国古代哲学与生态观是人与自然的和谐统一。儒家的"天人合一"，道家的"道法自然"，阴阳家的"阴阳五行学说"，医学中的经络理气，建筑中的风水观念等，都表达着人与自然和谐统一的思想。在对待山川河流等大自然的问题上，中国古人极其慎重，甚至于把人和自然的关系提高到社会政治和国家治乱的高度来认识。生态文明建设是关系中华民族永续发展的根本大计，解决好农村生态环境治理不仅是破解"三农"问题的内在要求，也是实施乡村振兴战略的重要任务。

（一）生态环境建设原则

1. 符合生态规律，维护生态平衡

生态是指生物在一定的自然环境下生存和发展的状态，即生物的生理特性和生活习性。生态环境要素是与人类密切相关，影响人类生活和生产活动的各种自然力量或作用的总和，包括动物、植物、微生物、土地、矿物、海洋、河流、阳光、大气、水分等天然物质要素，以及地面、地下的各种建筑物和相关设施等人工物质要素。乡村生态环境首先要保证和维护如上所述的乡村生态系统的自然和人工生态亚系统间的平衡，即在一定时期、一定范围内，保持生物与环境、生物与生物之间的相互适宜所维持着的一种协调状态，以此来保障和提高乡村生态系统的基本生态功能和生产服务功能，达到可持续性发展。

2. 坚持"绿水青山就是金山银山"的绿色发展理念，稳步提高生产力

乡村生态系统是满足人类生存发展需要的最基本的生态系统，粮食是人类

存续的基础。随着经济发展、人口增长以及人们对美好生活的不断追求，人们对农产品的需求也在不断增长，乡村生态模式首要任务就是保障稳定而又持续的粮食供给。保护和节约利用农业资源，实现最严格的耕地保护制度，严守永久基本农田红线，推进高标准农田建设，实施种业振兴行动，提高农业综合生产能力，稳定粮油、生猪等重要农产品供给，以此构建与生态环境承载力相匹配的农业发展新格局，实现农业可持续性发展和乡村绿色供给能力的不断提高。

3. 坚持山水林田湖草系列系统整治的原则

统筹农村生产、生活、生态空间，优化种植和养殖布局、规模和结构，坚持从系统工程和全局角度寻求农业农村生态环境治理之道，坚持源头治理、系统治理、整体治理、追根溯源、辨证施治，构建与区域经济社会发展相适应的生态环境综合防治体系，加强小流域系统治理，强化山水林田湖草等各种生态要素的协同治理，包括治理水土流失、严守生态保护红线、恢复林草植被等修复措施，以此实现生态环境的预防保护，增强乡村的可持续发展能力。

4. 坚持以人民为中心的工作导向

充分发挥农民群体的主体地位，发挥农民群众主体作用，根据农村居民需求和实际需要，科学合理制定目标任务，阶段划分以及措施方法，因势利导顺势而为，科学制定规划，保障群众的知情权、参与权与监督权，创新群众的参与方式，强化群众的监督，完善群众的评价方式，确保以人民为中心的工作导向。

（二）生态环境发展策略

生态环境是人类赖以生存和发展的基本条件，农业发展、农村繁荣、农民富裕都离不开农村良好的生态环境支撑。

1. 制定生态环境规制措施

环境规制作为政府社会性规制的一项重要内容，核心在于刚性约束，以防无序蔓延、低端扩张。

（1）要突出规划引领，宏观层面。要深入贯彻落实《全国主体功能区规划》，构建高效、协调、可持续的国土空间开发格局，不断提高区域生态系统服务供给水平，更好地实现国家重点生态功能区的主体功能定位。微观层面要立足现有基础，保留乡村特色风貌，积极有序推进"多规合一"的实用性村庄规划编制。

（2）要加强红线约束，统筹划定落实耕地和永久基本农田、城镇开发边界、生态保护三条红线，根据生态重要性、生态脆弱性，在生态保护红线内，仅允许开展对生态功能不造成破坏的有限人为活动。

（3）完善管理创新。加快构建国家公园体制，全面推进河长制、林长制，促进自然资源科学保护和合理利用。构建农村人居环境整治长效机制，建立有制度、有标准、有队伍、有经费、有监督的管理体系。

2. 完善生态保护补偿机制

生态保护补偿是保护生态环境、平衡上下游利益关系的重要手段，也是生态文明建设的重要制度保障。在全面推进乡村振兴的过程中，核心在于通过补偿激励机制激励村民采取环境友好型的生产生活方式促进生态保护行为外部性的内部化。

（1）积极拓展补偿领域范围。这个范围不但包括重点生态功能区转移支付、退耕还林还草，还包括森林生态效益补偿、草原生态保护补助等领域的实施。国家生态保护补偿框架中应包括耕地的轮作休耕、免耕覆盖，还需要囊括病虫害绿色防控、畜禽废弃物综合利用、秸秆综合利用、化肥农药减量等广泛的农田生态保护补偿。

（2）需要不断优化机制设计。生态保护与经济发展的目标协同，需要结合实际情况，逐步优化机制设计，做好保护行为识别、制定差别化的补偿标准、加强监督管理、完善配套政策等。

3. 建立健全生态产品价值实现机制

生产产品是公共物品，如何充分发挥市场在资源配置中的作用，核心在于建立健全生态产品的价值实现机制。

（1）推动乡村产业生态化。大力推广资源节约型生产技术，建立资源节约型的产业结构体系，减少对资源环境的破坏，提倡绿色环保消费，建立绿色发展分类综合评价制度，制定差异化激励和约束政策措施。

（2）推进乡村生态产业化。选择与生态保护紧密结合、市场相对稳定的特色产业，将资源优势转化为产业优势、经济优势，如乡村生态涵养、休闲观光、文化体验、康养健体等。

（3）市场创建与运行。依托公共资源产权交易平台，开展排污权、水权、碳排放权等交易，完善生态产品价格形成机制，建立初始分配、有偿使用、市场交易、解决纠纷与配套服务等制度。

（4）健全绿色价格机制。加强农副产品的质量和食品安全监管，发展有机农副产品和地理标志农产品，推进绿色优质农产品优质优价。

4. 提高生态公共产品的服务供给能力

这种供给能力，不仅满足生存型公共服务需求，而且满足发展型公共服务需求。

（1）设置生态公益岗位，安排村民参与生态管护、组建生态建设专业合作社吸收村民参与生态工程建设以及社会资本参与，以此调动一切积极因素，提高区域生态系统服务供给水平。

（2）设置生态公益岗，体现"以工代赈""工作换福利"，带动低收入人口增收，帮助社会特殊群体获得社会认同，增加乡村的生态服务供给力度。此外，在经济欠发达地区组建生态建设专业合作社，让低收入人口可以就地就业，参与工程建设获取劳务报酬。比如在脱贫攻坚期间，中西部 22 个省（自治区、直辖市）有劳动能力的建档立卡贫困人口中选聘了 110.2 万名生态护林员，带动 300 多万贫困人口脱贫增收；组建扶贫造林（种草）专业合作社（队）2.3 万个，吸纳 160 多万名建档立卡贫困人口参与生态工程建设，年人均增收 3000 多元。

（3）广泛吸引社会资本参与。通过政府和社会资本合作模式，吸引社会资本参与生态建设，加强对绿色发展基金流向的引导，确保基金主要投向生态治理和环境保护、绿色产业发展和文化旅游等领域。

5. 引导农民践行生态环境友好行为

农村的生态环境建设，离不开农民，他们是农村的守望者。

（1）加强宣传教育，增强农户对过量使用化肥农药、农业废弃物污染危害的认知，引导农民主动采取生态环境友好行为。可以逐步探索垃圾处理农户付费制度，组织农民自发开展环境整治，支持村级组织或是村内带头人承接村内生态环境治理、道路及植树造林等小型涉农工程项目，以实现农民增收。

（2）制定村规民约，将环境卫生、生态保护等要求纳入到村规民约，合理合法、有奖有罚，调动农民积极参与生态保护的积极性与主动性。

（三）生态环境保护设计

生态空间包括村庄外围具有生态功能的空间，包括山林、河湖、田园等。生态空间的保护和设计应遵循整体性、连续性、生态性与多样性等原则。生态空间是村庄的生态基地。保护乡村自然生态，结合古村落、古建筑、名人古迹等，促进人文景观与自然景观的和谐统一。加强乡村原生林草植被、自然景观、小微湿地等自然生境及野生动植物栖息地保护，加强古树名木保护。

1. 生态环境保护基本任务

生态环境保护是在梳理乡村生态资源基础上，针对山、林、田、湖等基本要素提出生态保护方法策略，主要任务有：

（1）梳理生态资源，分类分析其生态敏感性，构建乡村生态格局。

（2）保育并恢复乡村的生态资源，维护乡村的生基底。

（3）发展生态农业，在保护耕地基础上构建农业生产景观体系。

（4）乡村建设过程中，强调人与自然的和谐共生，加强绿色低碳生态技术的广泛应用。

2. 梳理分析乡村生态资源

乡村中的生态资源多种多样，根据山水林田等不同资源的类型特征以及保护方式的不同，大致分为山林、河湖、田园、村居四大类予以保护与发展（表5-1）。

表5-1　　　　　　　　　　乡村生态资源内容及保护措施

生态资源分类		资　源　内　容	措施方法
山林	山地	山丘、独峰、奇石、峡谷、岩穴等	保育与恢复
	生态林	防护林、特种用途林等	保育与恢复
	经济林	种植园、采摘果园、医药园等	生产与管控
河湖	河流水域	河段、湖泊、瀑布、岛等	保育与恢复
	坑塘水坝	水库、塘坝、湿地、沼泽等	保育与恢复
	生态渔场	水乡、淡水鱼场等	生产与管控
田园	农业田园	生产型田地、观赏型田地	生产与管控
	生物群落	古树名木、生物群落、花卉、动物栖息地	保育与恢复
村居	村落	村落选址、布局形态、空间肌理等	布局与营建
	民居	布局形式、建造工艺、建筑材料等	布局与营建

（1）山林。山林是指有山有树林的地方。村庄的山林空间是村庄内最接近自然属性的空间，由成片的乔木、灌木及草本地被等集聚而成。在乡村地区，山林主要有生态林与经济林两种类型。

1）生态林。生态林是指为维护和改善生态环境，保持生态平衡，保护生物多样性等满足人类社会的生态、社会需求和可持续发展为主体功能的森林、林木和林地，主要包括防护林和特种用途林。

发展绿色生态产业，将乡村绿化美化与林草产业发展相结合，培育林草产业品牌，做好"特"字文章，大力发展森林观光、林果采摘、森林康养、森林人家、乡村民宿等乡村旅游休闲观光项目，带动农民致富增收。积极推广使用良种壮苗，优先使用保障性苗圃培育的苗木开展乡村绿化。防护林中可结合村民使用频率营造休憩、活动场所，减少对林地生态环境的干扰。保护林地中具有历史意义的建筑、古树、生产设施等，保持景观格局的完整性和连续性。

村庄废弃的荒山应重新进行绿化，根据不同治理条件和难易程度选择耐贫瘠、耐干旱的树种，实施造林绿化，恢复林草植被。对受到破坏的山体景观进行修复。

山体绿化应选择适应性强的乡土树种。山体复绿植物推荐：侧柏、刺槐、桑树、构树、火炬树、油松、龙柏、山核桃、苦楝、臭椿、沙枣、白蜡等。

2）经济林。经济林亦称"特用林"。以生产果品、食用油料、工业原料和药材为主要目的林木。其景观建设类型由树种种类决定。经济林木的品种、色彩、间距以及种植模式的不同，会形成不同的经济林风貌类型。树种可选银杏林、核桃林、板栗林、荆条林、杜仲林等。

加快林业生态经济林的建设，将对改善生态环境、调整农业产业结构、拓宽农牧民增收渠道、增加农牧民收入起到重要作用。可将景观游赏、体验功能融入经济林建设。根据经济林品种的不同引入不同的活动项目，如板栗林的采摘、核桃林的榨油技术展示、杜仲林的中医养生文化科普、荆条林的编织技术等。

（2）河湖。水生态文明是生态文明的核心组成，是美丽中国建设的重要内容。沟渠塘坝等小微水体与群众生产生活关系最为密切，如果说大江大河是地球的"生命动脉"，那么小微水体便是江河湖库的"毛细血管"，小微水体管护治理重要性不言而喻。在治理大江大河的同时，更要坚持"大小共抓"。

河湖，主要是指村庄水岸空间，是明显区别于村内其他空间类型的一类公共空间。水岸空间既是村庄陆地的边缘，又是水体的边缘，包括一定的水体及与水体相邻的陆地，由水域、岸线和陆地三部分共同组成。山东省村庄地区常见水岸空间主要包括河流和水塘两种类型。

1）河流。农田灌溉、防洪泄洪是河道在农村地区最主要的基本功能，为农村地区农业的发展起到了强有力的保障作用。

需要做到划定江河湖限捕、禁捕区域，清淤整治农村河塘，修复水生态，解决水利发展不充分、不平衡问题，为山水林田湖生命共同体注入新动能。结合河流两侧自然生长的植物选择自然材料进行护砌，既富有生机和野趣，又凸显出乡村的特色。自然式驳岸采用自然石或松木桩，并配置乡土植物。规整式驳岸的岸线应自然化、曲线化，避免线条过于生硬，优先选用乡土材料如砖、石砌块等，减少对混凝土硬质驳岸的使用。

2）水塘。"半亩方塘一鉴开，天光云影共徘徊"，池塘，这种比湖泊小的水体形态，无论是自然形成还是人工建造，亘古至今，在乡村的水系统、水生态和水文化中，都起着十分重要的作用。乡愁是一口洁美的农村池塘，但在很多乡村，由于长期缺乏治理，不少池塘满目疮痍，更有池塘被淤泥堵塞，形似田地。

结合农村生活污水改造、畜禽养殖治理、垃圾分类、池塘清淤等专项整治，从源头上解决农村池塘的污染问题，并因塘制宜，引入活水、投放鱼虾、种植莲藕等来维持和改善池塘水质净化。

塘边围起栏杆、设立绿化带，增设各种便民设施，打造"一塘一景"，将村中池塘打造成为大家休闲健身、赏景的好去处。

垃圾不往池塘里倒，污水不往池塘里流；池塘保洁有人管，管护组织有落实。将村庄水域管护列入村规民约，完善池塘长效管理机制。

（3）田园。田园，释义为田野、田地，也泛指风光自然的乡村，包括以生产为主的生产型田地和兼有观赏功能的观赏型田地。

1）生产型田地。以生产粮食作物、经济作物为主要目的，主要包括耕地、菜地、林地及苗圃。

首先，对于基本农田，要像大熊猫一样严格保护，它既是粮食安全的根基，更是万民福祉的保障。《2022年耕地保护工作要点》中强调，"突出严保严管，永久基本农田特殊保护更严格""坚持求真务实，严格补充耕地核实认定""维护群众权益，深入推进征地管理制度改革""强化动态监督，压实地方政府耕保责任""加强基础建设，扎实开展耕保监督工作"。

其次，对田地斑块、廊道、沟渠等进行合理梳理和布局，完善田地景观格局，遵循异质性原则，在原有的农作物基础上，提升生物多样性，优化和改善土地的利用方式。

通过对生产型田地景观风貌的提升，营造美丽、舒适的生产空间。清除堆积的作物秸秆、枯枝烂叶，修整道路、沟渠、防护林带，创造干净、整洁、安全的农田生产空间。

2）观赏型田地。观赏型田地主要有图案式农田与花田两种类型。栽植模式有单种、混种、套种、间种等，准确地调配农作物的行距、品种、色彩，间作套种可以明显地增加效益。

引入图案式农田景观，对农田斑块的图案形状、色彩、品种进行有计划的控制。图案的选取要充分结合当地社会文化，如数字、文字或其他几何图形，各种吉祥物、象征物的形状，要求健康、积极向上。

3）田间节点设计。在保持园地生态群落稳定的基础上，根据地方文化内涵、空间大小、地形起伏的不同，丰富田间景观要素，包括地形、水体、植物、构筑物、小品等，增加园地趣味性；同时保留田间具有历史意义的景观，如古树、古井、沟渠等。利用田埂道进行游线优化设计，在农田边界增加观景平台，设置架空栈道，以视觉游憩的方式感知农业景观；在农田缓冲区空地设置农事体验活动区，注意在丰富游憩体验的同时尽可能降低对农耕生产的影响。

通过不同造型、结构设计和材质应用，营造乡村趣味景观小品，可以与水景、石景等融合，做到野趣、精致、淳朴，传递农田景观的地域文化。

农田节庆活动是传播农事品牌的有效途径，策划如桃花节、板栗节等，可以有效提升乡村活力。

3. 构建乡村生态格局

通过对山林河流等乡村生态要素的梳理，评价其敏感度（如对土地性质、水库淹没影响、生物栖息地敏感度、山林敏感度等多层次的分析），划定生态底线，并建立空间准入机制，以维持乡村生态格局、维护乡村再平衡为目的。充分遵循乡村生态元素的分布特征，针对不同区域、不同资源采取保育与控制、生产与管控、布局与营建不同的生态保护措施；防止大拆大建等行为破坏生态平衡，以此构建完整、系统的乡村生态格局。

4. 生态环境保护措施

（1）生态保育。保育，包含保护与复育两层含义。保护是对生物物种及其栖息地的保存与维护，复育是对退化生态系统的恢复、改良和重建。生态保育是运用生态学的原理，监测人与生态系统间的相互影响，包含对生态的普查与监测、野生动植物的饲育、自然景观生态的维护工作等，并协调人与生物圈的相互关系，以达到自然资源的可持续利用和永续维护。

这项工作是基于生态敏感度划定的生态保护红线范围，以山水空间为主要载体开展保育工作，范围包括水源地一级保护区、风景名胜区核心区、自然保护区核心区、森林湿地公园生态保育区、行洪河道、地质公园核心区、生态公益林等。

这些区域需要低干预、低进入的原则，原则上禁止任何生产和建设行为，以保护其原真性、多样化和生态景观的复合化。对于已经遭受破坏的格局，需要采取措施，包括退耕还林、植树造林、退宅还林、水系疏浚、污染治理等措施加强生态修复。对于不符合资源环境保护要求的建设项目，要进行搬迁，对于现状已存的建筑设施和人类活动要积极外迁。

生态保育衍生出的活动包括永续生物资源的利用、生态活动与减少生态系统等，生态活动的推广较为多元化，不仅包括教育、休闲，还包括观鸟活动、生态旅游等，都很有利于科普教育、观光产业与地方经济的发展。

（2）生产管控。生产管控针对的范围主要包括村域内从事生态农业种植、畜牧业、林业等农业生产区域，包括基本农田保护区、一般耕地和山地林地等。这些区域属于管控区，以保护耕地和基本农田为基本原则，以农业生产为基本功能，严控将农用地转化为建设用地。

一方面，要严格控制永久基本农田保护红线，这是由自然资源主管部门划定的永久基本农田。按照一定时期人口和社会经济发展对农产品的需求，依法确定的不得占用、不得开发、需要永久性保护的耕地空间边界。采取的是行政、法律、经济、技术等综合管理手段，以确保永久基本农田的质量、数量、生态等全方面管护。强化永久基本农田的刚性管控，体现在不得让预留的永久基本农田为建设项目占用留有空间，坚决防止永久基本农田"非农化"，禁止任何单位和个人占用永久基本农田植树造林，或者闲置、撂荒永久基本农田，禁止以设施农用地为名，占用永久基本农田，建设休闲旅游、仓储厂房等设施。

另一方面，该区域在不改变生产功能的基础上，适当引导农作物选择、农业景观地塑造，可以引入农业景观设计，加强大地景观建设。

（3）布局营建。布局营建是指村落选址和农村住宅生态化建设。我国村落的选址较为讲究，与地理山水、风土人情、环境气候等因素紧密相关，一般依山而建，临水而居，尊重自然，很好地诠释着与自然环境和谐共生的生态居住观。在乡村的规划设计中，需要积极引导新村、旧村在和谐生态上的共生，科学梳理山、水、林、田、居的整体生态系统，结合人文习俗，合理布局乡村街巷肌理，促使乡村有机生长，延续与自然景观和谐共生的乡村人居环境。

乡村住宅生态化建设秉承舒适、健康、高效、美观的原则，保持乡土特色和传统文化元素，尽可能利用当地资源和能源，做到节能、节地、节材的基本准则。重视温度、湿度和通风条件，满足居住者的舒适度，健康的住宅是生态住宅的最大目标，满足身心健康。具体需要做到：

第一，生态化乡村住宅需要充分尊重当地的地域文化和自然环境特色，保持自身的乡土特征和绿色特性。

第二，针对乡村住宅节能水平低等问题，做好外围护结构的节能要求，增强屋顶、内外墙面、地面、窗户、遮阳系统等外围护结构的保温与节能。

第三，优化利用常规能源系统，比如，对太阳能的充分利用、对雨水合理收集及再利用，对污水的集中处理等。

第四，建筑材料提倡就地取材，使用绿色建材以及资源再利用。

二、社会文化体系

（一）梳理分析乡村社会文化

每个乡村都有悠久的历史，或长或短，历史的积淀也给乡村带来了独有的文化。乡村文化不仅包括物质层面内容，也包括非物质层面内容。物质层面包括大量文物古迹、传统村落、民族村寨、传统建筑、农业遗迹、灌溉工程遗址以及自然风光、田园风貌等。非物质层面包括民族节庆、传统民俗、戏曲曲艺、民间工艺、饮食文化等文化资源。乡村文化是一种包括政治、经济、居住、建筑、民俗信仰、制度、饮食等诸多要素在内的文化体系[32]，可分为四个层次，即乡村物质层面的表层、乡村行为文化的里层、乡村制度文化的深层以及乡村精神文化的核心（表5-2）。[33]

表5-2 乡村文化的构成

物质文化	山、水、林、田、村、居	山水田文化、风水文化、历史环境要素、布局肌理、传统街巷、公共节点、建筑文化
非物质文化	生产生活方式	农耕文化、工商文化、生活习俗
	精神文化制度	文学艺术、宗教信仰、村规民约制度

新时代新征程大力推动乡村文化振兴，让人民享有更加充实、更为丰富、更高质量的精神文化生活，对于焕发乡村社会文明新气象，传承发展中华优秀传统文化，铸就中华文化新辉煌，全面建设社会主义现代化国家具有重要的时代意蕴。

（二）乡村社会文化发展策略

乡村振兴，既要塑形，也要铸魂。优秀的乡村文化能够提振农民的精气神，增强农民的凝聚力，孕育良好的社会风尚。如果没有文化的振兴，物质再发达的乡村也只是一具没有灵魂的空壳。只有尊重乡村的社会文化，保持它的原真性、融合性以及可持续性，我们才能真正做到"望得见山、看得见水、记住乡愁"。从保护、融合与发展的角度，提出的策略有：文化原真、文化交融、文化重塑三种方式，每种方式适用于不同类型的乡村和文化载体。

文化原真模式指的是对乡村中的山水环境、乡村肌理、历史地段、传统建筑、历史元素等实体文化载体进行原真性传承，特别是历史建筑、街巷格局、历史环境等要素进行博物馆式保存与传承，达到整体环境留存的目的。

文化交融模式指的是尊重现代生活方式与现代产业发展模式，通过文化变异、文化共生、文化植入等方式重塑乡村文化，将乡村文化与现代城市生活有机融合协调发展。具体策略包括：充分挖掘文化的内涵元素，增强乡村传统文化的影响力。注重传统乡村文化与现代生活的结合，从传统文化中汲取养分，运用新方法、新手段重塑生产生活模式及空间形态，创新乡村的社会文化，丰富其内涵。同时在原有乡村文化载体的基础上，通过新媒体、新技术，如互联网、元宇宙等方式创新发展，培育新的文化形态。

文化重塑模式是指在挖掘传统乡村文化的基础上，对特别有价值、有本土特色的乡村文化载体进行恢复与复制，比如结合原有乡村传统的空间组织特点、营建模式进行乡村的重建；挖掘乡村原有的手工工艺，发扬培育，保护其传承与延续，甚至可以构建"一村一品"的发展格局。通过盘活文化资源，大力发展乡村特色文化产业。一方面要自我提升，即"促进传统工艺提高品质、形成品牌、带动就业"，在传统工艺基础上打造品牌；另一方面要向外对接，"促进文化资源与现代消费需求有效对接"，即以现代城市居民需求为导向，立足于市场需求进行文化产品的开发，在农村基础设施不断完善、信息技术飞速普及的背景下，实现文化、旅游与其他产业的深度融合发展。

振兴乡村文化是在保持乡村特质的基础上，将现代性因素融入乡村文化之中，取其精华、弃其糟粕，找到新的生长点，实现其从传统到现代的转型。以重塑的方式留住农耕文明，留住与农业生产生活相关的文化记忆和文化情感。其实中华优秀传统文化是完全可以和现代文明和谐相处，相得益彰的。尊重村民的风俗习惯、保护并善于利用乡村固有的文化传统，可以收到事半功倍之效。尤其关于乡村的移风易俗问题，一定要以尊重传统文化为前提，充分发挥乡村社会组织的自治劝导作用，对农民那些世世代代传承的民俗习惯有敬畏之心。

（三）乡村社会文化振兴方式

乡村文化振兴应坚持连续性、伦理性、整体性和创造性。连续性体现在传承文脉，旧中开新；伦理性体现在敢于反思，有鉴别性地学习不同地域的特色；整体性体现在保护物质与非物质多项元素的共生共融；创造性体现在汲取中外资源，敢于创新，避免模式化。在具体乡村振兴过程中，根据不同的乡村文化或乡村文化载体可以采取不同的振兴方式，比较有发展前景的几种方式。

1. 文化产业

2022 年，文化和旅游部、教育部、自然资源部、农业农村部、国家乡村振兴局、国家开发银行联合印发的《关于推动文化产业赋能乡村振兴的意见》，旨在将文化产业赋能乡村振兴纳入全面推进乡村振兴整体格局。乡村应在深入发掘自然景观与文化基因的基础上，培育特色文化产业。

（1）依托乡村生活习惯和风土民情，将传统的乡土文化与现代审美相结合，将传统的人文资源与现代的生产体系相融合，实现乡村文化资源的创造性转化与创新性发展。

（2）挖掘优秀传统民俗节庆资源，培育具有地方和民族特色的节庆会展业。民俗节庆、农事节气和传统赛事是传承中华优秀传统文化、促进三产有机融合的重要载体。

（3）在乡村生态美学建设的基础上，利用文化与旅游天然的耦合性，组织具有仪式感、参与性、场景化的乡创活动，推动乡村文旅融合。

2. 艺术介入

艺术介入乡村空间重构，助力乡村实践探索，逐步起到提高艺术审美、增强民族自信，推动乡村振兴的良好作用。从新型城镇化到留住乡愁，再到乡村振兴，艺术介入作为一种特殊的手段，成为缓解城市与乡村之间鸿沟的一种有效手段：体现在艺术有效地实现区域更新，构建特色的空间环境；体现在雕塑、壁画、小品景观等类型丰富的艺术形式上；体现在从室内到室外，从院落到山野艺术创作的广泛性；体现在艺术带来的精神、美感被人们广泛接纳，甚至人们自觉地完成从艺术的欣赏者向艺术参与创作者身份的转变。艺术介入乡村的空间重构，一方面乡村可以为艺术提供落地性社会实践的空间，另一方面艺术的介入会给乡村带来独特的美学视角与多元化营造手法，避免乡村出现"千村一面"的窘境。同时在乡村空间重构过程中，艺术学会与社会学、人类学等多学科进行交叉探索，更加有利于探索乡村社会、经济、文化等多层面的振兴之路。

3. 数字技术

数字技术是联结乡村世界的重要链路。当代社会高铁、高速公路、网络等硬件设施的出现，使乡村不再遥远。乡村的形象、风物在新媒体时代因短视频传播、电商直播而不再"养在深闺人未识"，乡村的资源禀赋、民族技艺因数字技术的赋能而实现了创新性发展，乡村的文化消费、产品营销也因数字技术的赋权而实现了市场空间的拓展。

（四）健全乡村社会文化服务

提供完善的组织保障、人员保障、资金保障和机制保障，才能为农村人居环境整治与乡村旅游协同发展创造良好的外部环境与基础，才能进一步提升农村人居环境整治效果，推动乡村旅游不断向前发展，从而为广大农民群众创造了更多的实惠，进一步提升广大农民群众的生活水平。

1. 组织保障

基层地方组织主要领导要充分发挥自身的职责，落实主体责任，亲自安排农村人居环境整治工作，同时也要重视乡村旅游发展，做好协调工作和监督工作，通过层层传导，真正将农村人居环境整治工作落实下去。特别是要加强农村基层的管理建设，村党支部作为乡村最基层组织，是实施乡村人居环境整治和乡村旅游发展的"主心骨"，这就需要按照"围绕发展抓党建，抓好党建促发展"的思路，切实提升农村基层党组织的领导力、凝聚力、战斗力，把基层党组织的政治优势、组织优势转化为推动党员群众创业致富、推动乡村产业振兴的发展优势。各地要明确村委会在农村人居环境和发展乡村旅游工作中的责任，加大生态环境整治力度，形成自下而上的民主决策机制，让广大村民参与到乡村旅游项目建设规划之中，同时落实公开制度，充分发挥村民的监督作用。形成头雁效应。雁有头雁，蜂有蜂王，有了"领头雁"，基层党组织才会增添发展动力，必须把广大基层党员与群众的力量和智慧凝聚起来，深化农村改革、强化投入保障、强化规划引领上见真章。改革是乡村振兴的法宝，必须坚持解放思想，破除体制机制弊端，突破利益固化藩篱，让农村资源要素活化起来，让广大农民积极性和创造性迸发出来，让全社会支农助农兴农力量汇聚起来。

2. 人员保障

乡村振兴，关键在人。产业兴旺、生态宜居、乡风文明、治理有效、生活富裕，都需要人的参与。《中共中央 国务院关于实施乡村振兴战略的意见》提出，实施乡村振兴战略，必须破解人才瓶颈制约。要把人力资本开发放在首要位置，畅通智力、技术、管理下乡通道，造就更多乡土人才，聚天下人才而用之。《乡村振兴战略规划（2018—2022年）》要求强化乡村振兴人才支撑，实行更加积极、更加开放、更加有效的人才政策，推动乡村人才振兴，让各类人才在乡村大施所能、大展才华、大显身手。农村发展离不开人的参与，人是乡村振兴的第一资源。解决乡村人才保障问题是破解乡村振兴效能差、速度慢的关键所在。因此，乡村振兴战略的全面落实必须将人才置于首要位置，坚持引育并重，强化乡村人才支撑。

农业农村高质量发展进程不断深入，农业供给侧结构性改革不断推进，也对农村的人才队伍提出更高要求。农村人居环境整治需要配备专职人员，才能形成合力，提升环境治理效果，同时，在发展乡村旅游过程中，应当围绕乡村旅游的各种配备要素配置专职人员，针对乡村休闲发展过程中存在的问题给予指导，通过教育和培训，进一步提升基层干部对于乡村旅游知识的了解，同时也提升广大基层干部对人居环境的认识，借鉴外地好的经验教训，通过有效的措施，进一步提升人居环境。当前，农村普遍缺少懂"三农"、懂市场、懂管理且能扎根农村干事创业的实用型人才，导致很多乡村资源没有得到充分利用。在发现和使用农村人才的问题上，要充分挖掘、利用好本地人才，培养"本土能人"。

（1）加大本土人才培育力度，培养"本土能人"。

第一，针对从业人员广泛培训，进一步提升广大服务人员和管理人员的技能和素质，在推动乡村休闲旅游发展过程中，为广大群众提供更多的就业岗位，为他们的发家致富提供路径和平台。加强干部队伍培养、配备、管理与使用。把到农村一线锻炼作为培养干部的重要途径，形成干部向农村基层一线流动的用人导向，坚持主题培训与专题培训、课堂培训与实地教学、集中授课与讨论交流相结合，对现有乡村干部和后备干部开展政治理论、领导方法、政策法规培训，提高其执行政策、依法办事的自觉性。

第二，想方设法创造条件，培养造就新型职业农民队伍。支持农民通过弹性学制参加中高等农业职业教育，加强新型职业农民培育信息化平台建设，提供在线学习、管理考核、跟踪指导等服务，通过专业的技术培训提升他们的技能，让他们能够变成有文化、懂技术、会管理的新型农民，成为乡村振兴中的重要人才组成部分，激发乡村振兴的内在动力。

第三，实施乡村科技人才培育工程。针对基层农技推广体系中的农业技术人员和农村各类实用技术人才，实施乡村科技人才培育工程。鼓励和引导农业科技人才通过技术开发、承包经营、投资入股、成果转让、提供有偿技术服务等形式，从事农技推广或产业化经营活动，把"论文写在大地上"，以科技服务谱写新时代农村振兴新篇章。

第四，重视乡土人才培育示范工作。要围绕产业链、价值链、创新链布局人才链，系统谋划，积极发掘和培养各领域能工巧匠、民间艺人等乡土人才，加强乡土人才技能培训和示范，定期举办传统技艺技能大赛，增强乡土人才创新创造创业能力，发挥乡土人才在发挥其在技艺传承、产业发展等方面的带动作用。

（2）加大人才引进力度，促进农村人才"回流"。乡村要振兴，还要改变人才由农村向城市单向流动的局面，让曾经"走出去"的成功人士"走回来"，实现"人才回流"，把在城市里积累的经验、技术以及资金带回本土，造福家乡。

首先鼓励外出能人返乡创业，激活农村的创新活力。其次是鼓励大学生村官扎根基层，为乡村振兴提供人才保障。如前文对浙江的调研中发现，浙江就是看到了人才在乡村振兴中的关键作用，为了缓解乡村要素制约、加速资源要素流向农村，从2019年开始实施"两进两回"行动，即科技进乡村、资金进乡村，青年回农村、乡贤回农村。鼓励支持青年回乡参与乡村振兴、发展产业，培育一批青年"新农人""农创客"，要靠政策支持。目前，仅临安区就有高校毕业生、退伍军人、返乡创新创业城市人才等各类"新农人"近600人。他们积极投身新品种种养、新技术开发、新模式管理等领域，"触角"逐渐伸向农村电商、民宿、乡村旅游、文创等附加值更高的新兴产业。"新农人""农创客"等爱农业、懂技术、会经营的人才队伍，正在成为农村创业创新和乡村振兴战略实施的骨干力量。

"新农人""农创客"群体具有互联网等方面的优势，在帮助与支持他们时，尤其要发挥好他们的专长，为乡村发展增添新活力。同时，强化乡村人才支撑，也需要坚持引育并重。近几年，浙江实施的"千万农民素质提升工程"，通过多层次的农民教育培训，让乡村工匠、农村实用型人才不断成长起来。

把本土能工巧匠用起来，把新型职业农民育出来，把各方乡贤精英引回来，为乡村振兴提供人才保障，为农业农村高质量发展持续注入新动能。

三、空间形态体系

（一）空间形态协同原则

1. 以人为本的原则

乡村振兴的本质在于焕发乡村的活力，针对不同人群的需求优化乡村空间形态，是提升乡村吸引力和活力的前提与基础。基于人居环境与乡村旅游的协同发展，需要从村民、农村经营主体、游客三类人群对乡村空间的新需求出发，分析新时代以人为本的设计原则，为乡村更好地发展创造有利的物质环境和功能场所。

2. 保护乡村特色的原则

乡村特色不仅是建筑风貌本身，还是人工环境与自然的和谐统一，空间形态与生产生活方式完美结合的一种表征，不但具有整体性，还具有地域性，挖掘并保护乡村历史文化资源，延续乡村传统特色，结合山、水、林、田、村的自然生态环境，塑造具有乡土气息的乡村风貌空间，展示独有的地方特色。

3. 尊重原有格局的原则

重视乡村的原有风貌，尊重乡村原有的山、水、林、田、村的整体格局，延续乡村原有的空间肌理。中央城镇工作会议要求，在促进城乡一体化发展中，要注意保留村庄原始风貌，慎砍树、不填湖、少拆房，尽可能在原有村庄形态上改善居民生活条件。所谓村庄形态是村落在空间分布上呈现出的布局和形状特征，不仅包括了构成乡村诸多要素在空间上结合所呈现出的乡村生产及生活的骨架效果，也体现着乡村格局有机生长的过程，承载着丰富的乡村历史信息。研究乡村形态或肌理，至少具有文化、美学、生态、和谐四个方面的意义。

村庄肌理、院落结构都是村民为了农业生产需要而形成，是实现有机循环的重要节点。乡村不仅是种植业之间循环的重要载体，也是生产生活之间循环利用的节点。乡村院落是构成乡村肌理或乡村形态的基本空间单元，奠定了我国社会的基本结构。尊重乡村的原有格局，也是保护中华优秀传统文化的重要组成部分。

（二）不同类型乡村风貌特色引导

1. 农业资源丰富型

这种类型的乡村需要做的是合理利用农业资源，保持生态景观可持续性。在平原地区，这种类型的乡村可以适度发展田园综合的模式，利用花卉果树、茶林竹园等发展休闲观光农业。在山地丘陵地区，这种类型乡村可以发挥生态功能进行综合治理，确立乡村风貌的主导因素，通过种植本土特色的植被，丰富乡村景观，开展休闲娱乐，促进经济增长。

2. 旅游资源丰富型

这种类型的乡村需要做的是在保证乡村景观本土性和原生态性的基础上，控制人工景观的尺度和比例。挖掘地方特色，在总体风貌和节点塑造过程中充分利用当地乡土元素，构建和谐自然的地域特色风貌。发展旅游功能的区域在空间布局、建筑风格等方面需要与旧村相融合，既发挥资源优势，也能起到延续乡土文化的作用。

3. 历史文化型乡村

这种类型的乡村历史文化资源丰富，首先需要做的是尊重和保护物质与非物质文化遗产。建筑、街巷、风貌廊道都需要规模化、整体性保护，通过适度修缮，修旧如旧，功能转换也需要合理化，这类乡村承担着传递文脉的作用，因此对建设活动需要控制引导，包括新旧之间的结合，建筑材料及建筑色彩的延续，本土化植被及建造技艺的传承，以此保证整体风貌的协调。

4. 工业服务型乡村

改革开放后，我国工业化进入快速发展时期，特别是一些乡镇企业逐步兴起，近些年，很多这种类型的乡村面临产业更替、生态保护、空间重塑、营销模式改变等挑战。这个类型的乡村巧用传统工业模式培育新型农业，从"制造"转型"智造"，搭建土地工厂与科技研发之间的孵化平台，资金的支持、人才技术的注入、生态文明观念的日益深入以及工农互补的"共生"发展，也会给这类乡村带来差异化、技术化、智慧化的旅游新体验。

（三）乡村人居环境物质要素设计策略

1. 整体布局

（1）布局模式。大量乡村所处地域不同，周边环境资源不同，依托地形地貌不同，结合常见的布局模式，大致分为组团状布局、条带状布局、分散状布局，不同类型的布局方式，可以采取不同的设计要点。

1）组团状布局。通常出现在田园平原地区，需要拥有足够集中建设用地，优点是用地紧凑，便于集中布置公共服务设施，方便居民生活，节约各种管线和基础设施投资。这种布局方式以一个或多个核心体为中心，民居围绕中心层层展开，集中布局，成组成团形成内向式群体空间，中心明确、用地紧凑、街巷呈网络状发展，主次干道脉络清晰，居民点一般是按照街巷向外发展线性发展。分区明显、主次清晰，主中心规模较大，是乡村内主要的公共服务活动空间，设置大型集会广场、体育休闲设施、植被覆盖、表演舞台等，是整个乡村的交流、集会、活动中心。各个组团中心规模稍小，主要服务于周边居住村民，设置生态铺装、荫凉植被，布置一定的休闲座椅、健身器材，满足村民日常休闲交流、晾晒健身的需要。大街小巷满足村民日常的生产、生活需求，既有对内、对外交通功能，还能组织村民日常生活，成为乡村内交通联系通道和半公共的线性交往空间。

2）条带状布局。通常是沿着山系、河流或道路顺势延伸呈线性走势的布局模式。在山地丘陵地区，缺少开阔的建设地带，乡村布局会沿着山体等高线性展开；临水而居也是最初的组织形式，特别是在江南水乡地区，水道和街巷构成基本骨架，联系着人们的日常生产与生活，街巷多与河流平行布局，民居向河或背河布置，河道、建筑、道路、桥体融为一体。条带状布局优点在于：每幢建筑都有相同的发展条件，如水系条件或道路条件；同时不管是山体或是水系自然条件下的乡村都呈现出特色风貌。但这类乡村也存在村民联系不足、不易集中布局，公共服务设施、基础设施投入较大等问题，因此在进行优化布局时，首先需要梳理道路交通体系，尽量缩短线性长度，利于设施的布置；其次尽量在中间部分布置公共服务设施，强化均衡发展，集约化使用土地。

3）分散式布局。由多个相对独立的居民点，随地势变化或道路走势，形成群体组合的形式。这种形式的乡村通常出现在山谷丘陵、河湖岛屿等地区，受到自然条件分割的影响，呈现出散状组织的形态。空间上较为分散，若干小型居民点组成组团，再由道路连接各个组团形成乡村整体。分割影响因素包括地形的高差变化、生态绿地以及湖泊坑塘的分割，各组团间既相对独立，又相互联系。这种模式较大的问题在于各个组团间的联系不够便捷，也不宜布置集中的服务设施，最理想状态是各个组团有相对完善的配套服务设施，联系交通通畅便捷，各个组团还可以形成一定的自我特色，共同促成乡村整体形成比较齐全、均衡的发展门类。

（2）乡村肌理。所谓肌理，是城市或乡村在长期演化过程中，由地域环境与人文历史交互作用形成的积淀，储存着不同时期人们生产生活的信息、理念和理想。肌理是文化自觉、文化自信的各处建筑空间布局中的直接反应。科学严谨的乡村肌理的研究与延续，可以积极促使乡村的有机保护，同时又能有效地避免建设带来的乡村风貌的失衡。乡村肌理从直观角度看，主要体现在功能布局、道路交通、建筑样式、街巷风格等鸟瞰平面图上的纹理；如果从形成过程看，是乡村长期存在的自然、经济、文化等因素相互影响下的特征体现。

归纳原有肌理，沉淀肌理特征。乡村的肌理结构往往科学而又有逻辑，需要把握与延续原有乡村肌理的整体结构关系，比如道路体系、水系结构、民居宗祠、公共中心等。许多乡村受到"天人合一"的思想影响，山、水、林、田、村等组成乡村最基本的肌理要素，每种肌理要素由于构成元素的不同而又有丰富的变化，都代表着地方的特色。因此，在进行设计时，需要分析原有元素的典型肌理特征，在此基础上通过典型要素的灵活运用使原有肌理得以延续与发展。

统筹全集肌理，延续肌理特色。地方材料的运用不但可以节省乡村建设成本，而且可以营造浓郁的乡土肌理风格。肌理风格的体现可以通过建筑材料的选择，如当地的砂石、竹木、砖瓦、陶瓷等。乡土植物是土生土长于本地，最能适宜当地的生境条件，为人们熟知，往往成为人们美好回忆的组成部分。原地材料以及与之相适应的传统结构、建造技艺相辅相成。

重塑区域肌理，展现肌理特征。区域的肌理需要考虑多样性，如通过植树造林、疏通河道等增加森林、水域面积，在重要节点，如村口、交叉口及转折点、公共活动中心等，增加小品、绿化等，丰富肌理的层次与类型。同时还可以增加农田里的景观林、防护林、水塘等肌理，丰富植物作物种类，增加农田景观肌理多样化。

深入挖掘细节，打造肌理细节。乡村肌理的打造不是静止不变，而是不断更新与发展的，在进行细节打造时，需要根据新时期新要求，在传统激励延续的基础上有机更新。如对农田肌理的更新，集合耕作方式的发展演化，由零散碎片化方式更新为集约化格局；对建筑的更新，传统形式与现代功能的结合，赋予旧建筑以新的时代内涵，使其充满新的生机与活力；对道路的更新，结合交通方式及交通需求，既保留原有曲折自然、尺度宜人的老街，也开辟新路以适应新的发展。

（3）建筑布局。我国幅员辽阔，各地习俗不同，民居建筑也各不相同。

1）单体设计形式一般有独立式、联立式、院落式三种。

a. 独立式。一般建筑面积及占地面积较大，周围有一定的配套花园，建筑布局较为分散。由于占地面积较大，不利于提高土地利用率，单体造价也较高，经济条件较好的地区采用得最多。

b. 联立式。当每户面积较小，单独修建独立式又不经济，可以将几户联建在一起，形成联立式布局，两户联建成为双联，多户联建成为多联。这样对节约土地以及室外工程设备管线、降低工程成本较为有利。

c. 院落式。当每户面积较大，房间多且有充足的室外空间时，可采用院落式。院落式是在乡村里常见，且受村民喜欢的形式，居住环境既接近自然，又可发展庭院经济。

2）多个民居建筑组织在一起形成群体空间，若需做到群体空间组合得当、方便、多样、美观，需要处理好与地形地貌、服务设施、道路街巷、停车场地等的关系，还需要考虑日照通风、均好合理、形式美观等问题。群体空间组织的形式有几种：

a. 行列式布局模式。这是传统的布局形式，北方地区常见，按照一定朝向和合理间距成排布置。优点是可以使大部分房间获得充足均好的日照和通风，同时节约化利用土地；缺点是会形成单调、呆板的群体形式，且识别性较差。针对这种情况，建议采用山墙错落、单元错接、短墙分隔等手法，既可以更好地组织好通风，又可以改善单调的布局模式，更好地结合地形、道路进行错位布置，利用公共绿地与建筑的组合，形成多样化空间。

b. 周边式布局模式。这也是较为传统的居住形式，在北方、寒冷地区，这种组合形式可以有效防风沙、防寒风，同时还可以形成较有特色的围合空间，围合感较强，营造出领域感和归属感，便于创造良好的交往空间，符合人的心理需求，"维护、安全"是人类选择居住模式的标准之一，同时可以在围合的中心布置绿地，便于村民公共使用。缺点是拐角的房间朝向较差，对地形的适应性差，在进行单体设计时一般把次要房间或是卫生间、储存间等对日照要求低的房间布置在转角处，努力做好户型设计。

c. 点群式布局模式。结合地形，在满足日照、通风的条件下，自由灵活分散式布局。这种形式适用于不同地形条件，缺点是比较分散，土地利用率不高，道路等基础设施布置成本较高。

d. 混合式布局模式。以行列式布局为主，辅以周边式、点群式等布置形式，形成围合或半围合空间，可以很好地结合以上集中布置方式的优点，合理布局功能，打造公共宜人、利用率高的公共空间，有效提升整个乡村的整体形象，构建居住、交往、生产、交通等多方面协调共生的人居环境。

（4）视线通廊。"看得见山，望得见水，记得住乡愁"，人们看山水，情景相通、天人合一。视线所及，所有的空间尺度，超越时间，反映的是人与环境直接沟通的天人合一的哲学观点和审美观照。

视线通廊，广义上，包括视点、景点、廊道三个元素组成；从人的角度，是指由于人处于某一位置对某一景点的观看的过程中，视线由人眼到景点所经过的整个廊道空间。视线通廊存在的前提是建立良好的"视点"与"景点"关系。

景点是由若干相关联的景物所构成、具有相对独立性和完整性，具有审美特征的基本境域单元，可分为自然景点和人文景点两类，自然景点如山体、大树、瀑布等，人文景点最常见的是一些历史古迹、著名建筑物、构筑物，如古塔、寺庙、钟楼等。视点是指观景人观看景点时所处的位置，随人的移动而移动，视点又是依附于景点的，没有景点，就谈不上视点。视点的位置决定着人观景的距离和角度。视点的位置决定了视线通廊的走向和控制。视点所在位置，可称之为视场，可以在道路交叉口，可以在广场，可以在带状绿地，也可以在滨河空间等。现代诗人卞之琳在《断章》中写的，"你站在桥上看风景，看风景的人在楼上看你。"辩证地解释了视场与景点的关系，它们之间是可以相通相融的，视场有能够成为景点的必要，而景点又有能够成为视场的可能。

廊道，从空间角度而言，是指有效视场两侧的点与景点顶端两点形成的四边形与其在地面上的垂直投影而形成的不规则形体空间。廊道可以是封闭式，也可以是开敞式。封闭式廊道是由底界面和侧界面围合而成的廊道，如道路街巷、带状绿地；开敞式廊道指只存在底界面而没有侧界面的廊道，两侧的边界是人类视觉所能到达的边界，比如由河岸到对面山体的廊道。

在我国，很多乡村在营建过程中，观山、望水，保留至今的廊道空间处处体现出村民的智慧与对美好山水的尊重，也为我们保留下了一份份珍贵的文化景观遗产。比如国家级历史文化名村山东省济南市章丘区朱家峪村，主要街道选线都考虑了山体的对景要素，乡村入口道路与文峰山相望，曲折入村后，沿主街而行，又可望见文峰山，这条主街也被称为朱家峪村"文房四宝"意境中的"笔"，自然景观与文化景观几百年来一直被称道。

在塑造或者说是形成视线廊道的过程中，需要注意如下几点：

观山透湖。保留或是增加沟通山、水的观景廊，人们可以观山望水，或者在山上可以眺望到乡村内的重要景点，或者可以从水上桥体或游船上可以看到乡村的特色风貌和连绵的山脉。

避免出现遮挡视线的"墙壁"。位置、高度不合适的建筑物或构筑物都会成为视线通廊的遮挡物，为了使丰富的自然景观能够充分与乡村融合，需要在通廊体系内内提出控制高度和控制范围。

2. 单体设计

建筑是村民生产生活的载体，是乡土文化、乡愁记忆的物质体现。在人居环境建设过程中，应秉承整体性、可持续性、实操性等基本原则。

新建村庄建筑及改扩建既有建筑，应充分考虑村民实际需求，坚持适用、经济、美观、安全、卫生的原则，倡导建设绿色村居。应功能齐全，满足生活、生产等方面的需求，新建建筑严禁套用城市化、非本土化的方式进行功能设计；既有建筑改扩建应以功能升级为主，弱干预、微改造。纳入保护名录的文物建筑及历史建筑，应对其历史价值、文化价值、科学价值进行充分研究，按照相关要求妥善保护、精心修缮、适度利用。新建建筑应体现地域特色，避免"千村一面"；既有建筑保护和改造应注意保持和延续传统格局及风貌。

在抗震设计、防火设计、采光设计、地基基础设计等方面，应符合国家及地方现行规范及标准。抗震设防烈度为 6 度以上地区应进行抗震设计，抗震设防类别不应低于丙类。应尊重当地宗教、习俗等文化特点，充分考虑少数民族聚居地等地区的特殊性。鼓励使用当地工匠，传承传统建造技艺。鼓励新技术、新材料、新工艺等新时代适宜性建造方式的应用及推广。加强屋面、墙体保温节能措施，有效利用朝向及合理安排窗墙比，推广应用节水型设备节能型灯具。

（1）基本原则：

1）住宅风貌设计原则。吸取优秀传统做法，并进行创新和优化，创造简洁大方的建筑形象住宅，符合当地的传统审美观念，并注意坡屋顶、平屋顶、平坡屋顶结合等方式的运用，增加多样性优先采用的方材料，结合辅助用房及院墙，形成错落有致的建筑整体。

2）住宅庭院设计原则。灵活选择庭院形式，丰富院墙设计，创造自然、适宜的院落空间。

3）住宅辅助用房设计原则。结合生产需求特点，配置相应的附属用房，如农机具和农作物储藏间、加工间、家畜饲养、店面等。辅助用房应与主房适当分离，可结合庭院灵活布置，在满足健康生活的前提下，方便生产。

4）平面设计原则。分区明确，实现寝居分离、食寝分离和净污分离；厨房、卫生间应直接采光自然通风，平面形式多样并尊重当地的传统居住形式。乡村住宅的层高要求：多层住宅层高为 2.2～3.1m，低层住宅层高为 2.0～3.3m，属于风景保护和古村落保护范围的村庄，建筑高度应符合保护要求。

（2）住宅类型及基本要素：

1）住宅类型。乡村地区的整体风貌区别于城市，体现在富有地域文化和乡土气息的建筑与空间营造，以及丰富多样的山、水、林、田、湖、海生态本底资源。因此需要尊重村庄的自然地形地貌和村落传统格局肌理，将建筑、景观与广袤的山林田地、纵横的河网水系有机融合，与村庄产业发展有效结合。

将建筑单体的具体元素进行分解，可从"三大控制要素"，即建筑、环境、设施展开阐述。"三大控制要素"是建设过程中重要的空间载体，在村居建设过程中发挥着主导作用。针对不同控制要素，明确建设控制要点和建设提升指引，内容涉及空间布局优化、功能完善、场所营造、植物绿化指引、环境设施配置等。

探索发展适合农村居民生活的新的住宅类型。鼓励发展联排式住宅。积极引导建设多层住宅（单元和叠加复式住宅）。提倡具有多种类型混合，特别是低层和多层相结合的住宅类型选择。

2）住宅套型面积。一般情况下，村民新建住宅基地面积限额应符合下列标准：

a. 乡（镇）所在地，每户面积不得超过 166m²。

b. 平原地区的村庄,每户面积不得超过 200m²;占用未利用土地的,可适当放宽,但最多不得超过 264m²。

c. 山地丘陵区,村址在平原地上的,每户面积不得超过 132m²;在山坡薄地上的,每户面积不得超过 264m²。

3)功能空间。对于不同功能的房间,结合村民的居住习惯以及我国的国情发展,需要注意:

a. 层高。低层住宅层高不宜小于 3m 且不宜大于 3.3m,以 2.9～3.0m 为宜,多层住宅层高不宜小于 2.8m 且不宜大于 3.1m。底层不宜大量采用 2.2m以下的用于停车或储藏的架空层,同时,应充分考虑在建筑底层布置为老人的住房。住宅的底层地坪标高不宜小于 300mm,一般为 500～600mm。

b. 入口。低层住宅在条件允许的情况下,入口宜采用南向为主,可以在南面适当扩大入口,设置长的门廊或储藏间达到储存物品、晾晒衣物的方便。多层住宅可以灵活处理入口空间,改变单一从北面入口的情况,适当放大空间,便于邻里交往。

c. 起居室。在农村住宅里,起居室与客厅一般是合二为一的,即堂屋。一般的作用是邻里社交、来访宾客、婚寿庆典、供神敬祖等活动,也是家人团聚、休息、交谈和看电视之用,堂屋还起着连接卧室、厨房的交通作用,也是家庭从事农副业加工等活动的场所,所以具有生活、生产、储存的多种功能。起居室的面积不宜小于 16m²,也不宜超过 40m²,面宽不宜小于 3.9m,需要合理安排起居室的交通组织,结合家具的摆放,合理布置门窗的位置,尽可能减少门的数量,增加使用面积。

d. 卧室。农村住宅的卧室分为老人卧室、主卧室和次卧室,老人卧室尽量布置在南面,阳光充足,老人卧室内应设置老人使用的专用卫生间。为尊重老人传统的生活习惯,可以根据具体情况采用仿火炕的形式(即暖气片搁置在下面的这种床铺形式)。老人主卧室的开间一般为 3.3～3.6m,进深一般为 3.9～4.8m 左右,单人卧室开间一般为 3.0～3.6m,进深为 2.4～3.0m。卧室的数量和面积可根据家庭人口结构来合理确定,卧室的面积在 12～18m²,卧室的朝向尽可能朝南,南墙上设置足够面积的窗户,以满足日照、通风和供暖的要求,尽量避免北墙的卧室。

e. 卫生间。卫生间的数量规模应根据当地的经济状况进行设置,一般设置两个卫生间(含主卧卫生间)。有老人居住的低层或多层住宅里,应考虑设置与老人卧室紧邻的供老人独用的卫生间,并进行相关的细节处理,如扶手、防滑地面、降低高差等,具体应参照《老年人居住建筑设计标准》(GB/T 50340—2003)执行。卫生间的洗衣功能宜独立出来,有条件的建议采用干湿分离的方式，位置应相对隐蔽。卫生间的使用面积不宜小于 $4.0m^2$，且不宜大于 $7.0m^2$。

f. 厨房。厨房按功能分为炊事厨房、餐室厨房和生产厨房，炊事厨房仅有炊事功能。餐室厨房同时具备炊事和进餐的双重功能，餐室厨房开间净尺寸不应小于2.1m，生产厨房安排炊事，活动外还设有主饲料的炉灶等，厨房应设置排油烟道、热水器废气排气井。

g. 餐厅。餐厅单独设置时，面积不宜小于 $10m^2$，面宽不应小于2.7m。就餐空间与厨房合用时，厨房开间净尺寸不应小于2.1m，起居室与就餐空间合用时，起居室进深不宜大于6m，面宽不宜大于4.8m。

h. 储藏空间。农村住宅一大特点就是储藏物品种类多、储藏面积大。储藏空间的设置要注意相对独立、使用方便，与其他功能空间，根据功能联系就近分离。

（3）设计构成。传统民居建筑控制要点主要由门窗、墙体、屋顶、雕塑及细部构成。

1）门窗。对现有院门形式秉承包容性的原则，对适度简化但空间及形式正确的入口形式持肯定态度，对细部做法逾制、形体比例欠缺的大门形式建议整改。有条件进行花格窗设置的民居，建议从步步锦、冰裂纹、万字纹、盘长纹、菱花锦以及双交四椀菱花等传统形式中进行选择，规避求异求洋的做法。由于建造工艺以及玻璃工艺的发展，传统支摘窗及槛窗使用较少，在风貌控制上，仅对窗户比例以及窗上梁窗下墙进行控制，不对窗户花格及材质进行较多控制。

2）墙体。传统民居建筑墙体具有中性材料起基，小型石料作槛，主体材料因地制宜、结构交接部分特殊化处理的典型特点。

3）屋顶。尊重传统民居特色，以坡屋顶为例，屋顶的材质选择、坡度大小、建造工艺，都需要从地域历史沿革、环境协调、新旧衔接等角度充分考虑，慎重选择。

4）雕塑及细部。建筑雕塑、檐口、装饰等细部往往由地方传统及村民习俗决定，种类多元，在风貌控制上鼓励在传统基础上有机更新。

（4）技术体系：

1）建设节能设计。通过设计手段提升乡村建筑的主动采光（遮阳）、通风和保温性能，节约能耗。推荐使用绿化遮阳等设计手段。总平面布局、建筑朝向和种植绿化应利于夏季和过渡季节的自然通风，利于在冬季直接获取太阳能。合理划定开窗面积，门窗可选用中空玻璃、塑钢窗框等经济易行的节能门窗，也可考虑与乡村建筑色彩基调相适应的木质或仿木窗框。可再生能源利用应因地制宜，选用适合当地地理环境和经济条件的类型，如太阳能、风能、沼气和生物质燃料。

2）材料的循环再利用。建设应提倡本土材料的应用，如石、木等传统材料，避免使用烧制过程污染大的红砖，改用新型砖砌块，如烧结砖、清水砖等。在保证乡村风貌延续的前提下，推荐使用新型建材或现代施工工艺，提升农村生活质量。鼓励危房、旧房拆除后产生的建筑材料更新利用，提倡既有村居的改扩建利用。

（5）新建建筑。乡村在更新过程中，需对既有功能进行完善、空间进行扩展时，可进行部分新建。新建建筑应与既有建筑有机融合，不应求洋求怪、风格杂糅、盲目模仿。新建建筑应当充分满足功能要求，建筑体量适中、建筑色彩协调、建筑材料及工艺应乡土化，应充分考虑一体化的设计，尽可能满足绿色节能的需求。

1）新建建筑与既有建筑有机融合。民居建筑设计可以采用与既有建筑色彩、体量、风格相协调的方式，有机地融入村落环境中。亦可采用现代的、简洁的、几何式的形式语言形成一种适宜的风格，有机融合到整体村庄环境之中。公共建筑可以采用相对灵活的方式，既可继承传统风貌特征，也可以在材料、工艺、风格等方面适当有机更新，形成村落的新标识。

2）新建公建功能要求。乡村公共建筑是村民开展公共活动的场所，应满足村民基本的功能使用需求，包含行政管理服务、教育、医疗卫生、社会福利、文化体育、商业服务等类型，可根据村庄实际，灵活采用集中或分散的布局方式。

3）新建民居要求。新建村居应设置起居室、卧室、厨房、卫生间、储藏室等功能空间。尊重当地传统风俗习惯，根据当地具体生活、生产方式，灵活选择设置附加功能空间，如堂屋、餐厅、活动室、门廊、阳台、储藏室（车库）以及饲养用房、生产经营用房等。

功能布局应分区明确，布局合理，通风采光良好，使用安全、卫生。主要朝向宜采用南向或接近南向，主要房间避开地区冬季主导风向。门窗洞口的开启位置，应有利于自然通风采光。对有私密性要求的房间，应防止视线干扰。室内净高度不宜大于3.4m，卧室、起居室等主要室内空间净高不宜低于2.7m，厨房、卫生间、储藏室等次要室内空间净高不应低于2.1m。鼓励采用先进设施设备，创造舒适的居住环境，安装空间应结合平面功能一体化设计。农房户型应充分满足其使用合理性、功能连续性、空间私密性以及建筑美观性等要求的基础上，注意布局的灵活性，适应农村居民在不同时期的不同的需求。

4）新建建筑的体量控制。村居体量不应过高过大，新建村居高度应在地方传统建筑空间尺度的基础上，适当优化，与地方传统空间有序搭接。

5）新建建筑的色彩及材料控制。建筑色彩应与地方传统建筑色彩协调，最好不要采用大面积色彩纯度高的颜色。鼓励运用当地乡土材料，鼓励使用当地工匠，传承传统建造技艺。鼓励传统材料结合现代设计及工艺的应用。

（6）既有建筑：

1）村庄留存公共建筑。乡村中留存的老公共建筑，往往代表一段时期内村庄的历史及村民活动情况，应以"预见性保护"的思维，根据建筑质量情况进行合理加固，在保证安全的前提下，通过经济可行的方式修缮利用，在保存历史记忆、弘扬传统文化的同时，充分发挥其价值。

2）村庄留存老民居。老民居是村民生活生产方式、习俗、审美观念的物质体现，见证并记录了村庄的成长过程。闲置民居可改造为具有乡土风情的民宿、传统手工作坊等，促进乡村产业发展。

3）村庄留存老厂房。村庄中的老厂房、仓库是一定时期内产业发展的载体，也代表着某一层面的村庄文化，可利用其特有的空间合理化改造为村庄公共用房或者产业用房。

4）村庄留存闲置建筑。村庄中的闲置建筑，由于年久失修，易影响村庄形象，部分也存在安全隐患，应加以合理的更新改造，传承乡村记忆，彰显乡村特色。对建筑质量较好的闲置建筑，可根据实际需求简单整治，直接利用。对于危旧房等闲置建筑，应在征得所有者同意后，予以拆除。对其他闲置建筑应积极修缮和利用。具体措施有：

a. 功能置换、更新改造。对于需要调整功能的闲置建筑，可按照新的功能需求重新组织空间。

b. 改建扩建、有机融合。对于面积、空间较小的闲置建筑，根据功能需求可适度进行改扩建。

5）既有建筑合理整治措施。建筑整治不可采用简单的"涂脂抹粉"等简单粗暴的方式，应保护建筑的年代印记，保存村落发展的痕迹。整治的基本措施包括以下几方面：

a. 安全性整治。排除建筑的安全隐患，对隐患部件进行加固处理。

b. 功能性整治。解决屋面漏水、墙体不牢等建筑质量问题，对相关功能用房进行功能置换以满足现代生活的需求。

c. 外立面整治。对不影响村庄整体风貌的建筑立面采用清洗的措施；对与整体风貌不协调的建筑，宜根据具体情况采取相应的整治方法。

d. 石头房。还原石头垒叠的规律，保持原有肌理。多采用地方石料，对松动、垮塌的部位进行加固。

e. 砖砌房。不同的颜色、尺寸以及不同的砌法，形成房屋的独有特色。简单的粉刷将丧失所有的细节和历史印记。砖砌房的整治出新应参考原有的砌筑方式，采取局部修补、替换等方式，最大限度地保留原有建筑的风貌。

f. 夯土房。除对其结构的加固和局部的修补之外，应考虑现代适宜技术在村居改扩建过程中应用的可能。

g. 水泥拉毛墙、涂料、水刷石、干黏石等做法的建筑应尽量寻找掌握传统工艺的地方工匠，对部分损坏的立面进行修补。在对涂料立面修补时，提倡采用保温隔热涂料替代原有普通涂料。

6）既有建筑与现代生活附属设施一体化设计。太阳能热水器、空调室外机等建筑附属设施直接搁置在外墙面或屋面上的问题，破坏了村庄传统风貌。对既有建筑改造时，应将建筑和后加附属设施进行一体化的整治与改造。颜色过于夸张艳丽的太阳能热水器储水箱建议做喷色处理，避免过于突兀。建议有条件的农户逐渐采用分体式太阳能热水器（储水箱与集热器分离）。对于室外空调机，宜根据其建筑形式增加相应的机罩予以遮蔽，冷凝水管宜就近接入排水管。

（7）文物及历史建筑保护。针对乡村中纳入保护名录中的建筑，应根据其历史价值、文化价值、科学价值进行充分研究，按照相关要求妥善保护、精心修缮、适度利用。

3. 景观环境

（1）公共空间。公共空间是基于村庄交通路径网络上，具有连接、汇聚、转接功能和景观文化特质的具有一定空间规模的调控节点，也是村民进行社会交往、汇聚和生活的场所。公共空间主要包括乡村入口、乡村广场、街巷节点、邻里空间和其他空间五类。

1）乡村入口。村庄的入口即村口，属于村级节点空间，是村庄所有节点空间中最外显的空间类型，关乎村庄的整体形象。村庄入口的设计应具有表示性，体现村庄特点。

a. 入口标志物。

牌坊式入口：乡村分布在道路的两侧以及道路较窄的情况下，入口可以选择牌坊形式，架设在道路上方。

路旁标志物：市政道路较宽的情况下，入口标志物宜选择建设在市政道路一侧，景观石、雕塑、特色树种等都是展示本村文化，凸显本村形象的设计。

环绕式村庄入口：村庄被道路包围或半包围，村庄重要界面直接迎向道路。入口标志物的位置宜选择在迎向道路的交通岔口，体量不宜过大，宜创造开阔的空间，方便交通的同时提供活动的场地。

b. 标志物的选择。

门楼、牌坊：门楼、牌坊的设计应体现当地文化风俗，总结凝练代表地域特征的文化符号。门楼的风格应与村庄风貌协调统一，材质、形式可进行积极创新，可对门楼形式进行简化、提炼，进而与村庄风貌相协调。传统的牌坊式入口文化氛围浓厚，材质可灵活利用竹材、木材、石材等地方材料。

景墙：朝向进村方向，材质和色彩应与村庄风貌协调统一，文字易于识别。立面材质宜选用乡土气息的自然材料，如石材、木材等，反映地域特色。景墙上的文字要求字体清晰易于辨识，字体颜色与景墙形成对比便于识别。

景观小品：主要展示面应朝向进村方向。体现村庄地域文化，结合植被灵活布局，打造层次丰富的生态入口景观。

各类入口标志物的选择应乡土、自然、质朴，结合村庄特色，能够体现适当的标识性，避免夸张复杂。

2）乡村广场。乡间的广场多结合戏台或村中空闲地，形成集散场地，设计时可通过提升空间的功能性和观赏性改善为公共广场；村委会、村民活动中心等公共建筑周边可梳理或配建乡村广场。

a. 广场空间类型。集会广场是村内供人流集合以及举办各种公共活动的广场空间。这类广场往往依托乡村中较为重要的公共建筑而设置，如游客中心附属广场、村委会附属广场等。

健身广场配备有一定健身康乐设施的广场空间，包括各类型的球场。健身广场不应直接布置在草地或泥土地上，不能盲目模仿城市的做法，应根据使用人群及其实际的需求进行布局，加强康乐设施和景观小品等的完善，提高场地利用率。

b. 建设提升引导。尺度适中，充分利用闲置空间，乡村广场不宜尺度过大。造成土地的浪费，同时也不能形成具有围合感的交往空间。广场空间宜规模适度，充分利用村庄边角地、闲置地，不仅能够有效促进土地集约利用，更有助于将消极空间转化为积极空间。

c. 合理处理广场空间层次的动静划分与过渡衔接。注重动静分区以及公共空间、半私密空间的划分。不同层次的空间中应加入过渡空间，避免使人产生唐突、单薄之感。如借助场地高差变化、植物、铺装等划分空间。要注意空间内的通透性和视觉联系，满足人群"人看人"的需求。

d. 硬质铺地不宜过多，以绿化为主。不宜过多使用硬质铺地，缺少遮挡，夏季暴晒、冬季寒冷，使用率低下，且容易造成视觉疲劳。以绿化为主，适度硬化，利于雨水自然下渗，营造丰富的景观层次，增强活动的舒适感。

铺装宜使用透水性材质和建造工艺。通过铺地的色彩变化和图案变化、组合方式来划分空间。健身运动场所应选用平整防滑适于活动的铺装材料，并做好安全防护措施。

3）街巷节点。街巷节点是村庄内街道、巷路等的交叉口，局部空间放大所形成的空间类型。适度曲折错位的街巷节点可丰富乡村道路景观，增强实用性和可识别性。根据地形地貌、建筑布局等情况，可形成十字形、丁字形、L形、Y形等交叉口。

4）邻里空间。多座住宅外墙围合而形成的一片小尺度空地，紧邻周边村民住宅，通过改善绿化和基础设施，营造舒适的邻里交流场所，既能保持一定的私密空间，又能便于与外界联系。空间中可采用乡土树种、菜地、矮小灌木来满足半开放式的心理需求。

建设提升指引，邻里空间为村庄提供休闲、交流场所，为村内居民服务，应完善提升邻里空间的功能和布局。宜因地制宜进行邻里空间的布局，通过植物配置软化空间边界，根据空间大小和使用功能合理选择乡土植物，并布置适当的休憩设施。

5）其他空间。除以上四种节点空间外，部分村庄内部还有小游园、古树、古井等公共空间，这些节点空间组成了村庄空间形态变化的重要物质条件，它们数量众多、形式各异。

a. 小游园。主要指村内的各类型绿地、公园等，场地的游览性质更强，承担着村民户外活动、改善乡村人居环境、增强生态功能等作用。

b. 古树空间。在封建社会，村民受到风水思想的影响，常在村口和村尾种植一株或者多株大树。可围绕古树营造村民休息纳凉和休闲交往的空间，在树下摆设座椅等设施，体现着乡村生活特有的闲适与惬意，营造村庄中的活动空间和景观标志。

c. 古井空间。古井空间景观构建可以分成两种情况，一是还在使用中的古井，在保持其原有的功能的基础上，对周边现状进行整理，增加休憩设施，丰富空间的功能。二是已经荒废的古井，对其就地保护，周边增加标识进行说明和文化宣传，打造乡村特色文化景观。

（2）宅院空间。乡村院落是农民重要的生产空间，种植农作物、家禽家畜都是农户兴旺的标志。院落是乡村手工得以存在的场所。同时乡村院落还是农民的生活空间、储存空间。家庭生活的乐趣，各种农具犁、锄、耙，晾晒粮食和其他农产品都需要乡村院落。

宅院可适当硬化，硬化面积不宜过大，平面绿化与垂直绿化结合布置。

庭院种植以乡土植物为主，可在庭院中种植果树、蔬菜等，还可适当增加休闲设施，也可以采用乡土材料制作宅院的景观小品，采用收获果实装饰宅院。

乡村中原有的祭祀空间加以保护利用，可采取与广场相结合的方式，赋予传统信仰空间以新的功能和意义。注重文化元素的传承与弘扬，表现乡村生活中对自然的敬畏和对美好生活的向往。

（3）乡村绿化。乡村绿化应选择抗性强、易成活、经济型乡土树种，鼓励利用林果蔬菜塑造特色乡野景观；绿化布局宜自然、灵活；避免使用大草坪、模纹花坛等装饰性强、机械的城市绿化形式。

1）公共空间绿化。主要包括村口空间绿化、广场空间绿化、街巷节点空间绿化。

a. 村口空间绿化。村口古树是村口常见的形象标志，反映一个乡村的历史与风貌，一座小桥、一座凉亭、一棵古树，既承载着村民乡愁和乡村记忆，又起着鲜明的标识作用。村口空间可以利用植物和小品进行营造，在多样化的自然生态基础之上，选择种植色彩明快的高大乔木，如国槐、银杏、榆树等树种作为村口标志，也可以通过一系列的植物群组与景观小品相结合，形成寓意深远、空间层次丰富的生态景观村口形象。

入口绿化与交通环境相匹配，在不进行大面积铺装的情况下，作出尺度适宜、收放有致，感受亲切的绿化空间。尽量保留原有植物，保持乡土气息，增加乡愁记忆。

b. 广场空间绿化。村庄广场绿化应布局自然，结合自由，选材乡土，充分体现乡土性与经济性，避免使用大草坪、横纹花坛、装饰性灌木等城市绿化形式，绿化品种应注重与村庄风貌相协调，通过植被水体以及建筑的组合，形成季相分明、层次分明的绿化景观。广场空间应尽量保持原有场地绿化特征，植物选择抗性强、低维护的乡土树种并适当引进观赏性植物，要注重乔木、灌木、草本花卉三层植物合理搭配及常绿与落叶植物的比例，植物种植方式宜采用丛植、孤植和对植，也可选用藤本植物进行棚架式绿化，打造精致的村庄广场空间。

c. 街巷节点空间绿化。街巷节点空间绿化可采用镂空花墙、景墙及垂直绿化等隔断手法，利用空闲地，做到见缝插绿，采用立体绿化，增加整体绿量。绿化宜采用环绕式绿化布局，通过花基、盆栽等绿化设施软化空间边界，场地中央可孤植乔木形成树下林荫空间。建议以柿子树、枣树、石榴树等果树和国槐、泡桐等绿化树为主，适当搭配灌木花卉。

绿化搭配应注重季相的变化，打造四季景观。可适当引入具有观赏价值的景观植物，但布置应简单自然，避免过于规整或复杂。可利用植物的不同色彩来呈现出不同的风格属性，如热情的红色，可用樱花、杜鹃等植物。

2）道路绿化。主要包括交通型道路绿化与生活型道路绿化。

a. 交通型道路绿化。交通型道路为村庄主要对外交通道路。道路两侧绿化宜规整，风格统一且富于特色。道路两侧种植行道树，选用乡土树种列植方式种植，或是以乔灌木结合的形式种植。

　　b. 生活型道路绿化。这类空间的绿化宜根据道路宽度选择绿化种植方式，见缝插绿，平面绿化与垂直绿化相结合，种植方式注重层次性，乔灌木、灌草类以及藤本类都可以塑造出特色绿化效果。

　　c. 村外道路以及田间路。村外道路、田间路是乡村对外联系的道路以及村民从事农田耕作的道路。一般为土路或砾石铺装，路旁绿化以农业种植植被、乡土树种、自然花卉等为主，营造层次丰富且富于野趣的田间小路。

　　3）宅院绿化。宅院绿化宜根据村民喜好自行选择乡土树种、林果蔬菜进行栽植。很多植被寓意美好，比如石榴象征多子多孙、桃树象征健康长寿、竹子象征坚强不屈、梅花象征傲骨怒放、月季有和平纯洁之意、海棠有富贵思念之意、柿子树代表着事事如意。这些树种是村民常选的树种，寓意美好，丰富院景。庭院植被种植方式灵活多变，平面绿化与立体绿化相结合，盆栽与地栽相结合，窗台屋顶绿化相结合。

　　庭院绿化注意高低、色彩以及季相的搭配，院门口是重点表达位置，可以孤植乔木，点缀观花、观叶植被，突出重点。根植被特性种植在不同片区，如院落南侧以低矮喜光植物丛植、散植为主；北侧列植喜荫植被，还起到阻挡北风的效果；西侧可以种植高大乔木或是竹林，遮蔽夏日西晒。

　　（4）设施小品。景观小品在乡村公共空间中的功能和形式是多种多样的，需要挖掘乡土特色，体现地方文脉，避免城市化生搬硬造。

　　1）花架、花池。花架在农村生活中作用多样，可以结合休闲座椅布置，供村民休闲、观赏、聊天交流所用。因此花架设计应美观大方，结合藤蔓植被与整体环境确定花架的形体与用材，以木、石、竹等材料为主，部分地方可以结合金属构件建设，取得与环境的相互协调。花池形式多样，与环境形成互补、点缀多种功能关系，选取乡土树种，自然且有层次，易于打理，以低矮种植为主。

　　2）休憩设施。乡村中的休憩设施以石凳为主，尽量布置在村民集中停歇的地方，提高使用率，要与环境相结合进行布置，可以使用复合材料进行设计，还要注意不变形、不变腐，易于清理。高度为450mm左右，宜提供扶手与靠背，提高使用的舒适性。

　　3）墙体美化。墙在乡村中起到分割空间、文化宣传等作用，墙体的美化要注意材质、色彩、主题内容的选择，宜反映乡村生产生活、历史文化传统、向上向善主题思想宣传等内容，可以结合传统景窗、花格、云墙等处理手法，增加艺术氛围，还要注意安全性。

　　4）装饰性小品。装饰性小品首先选择乡土性材料，探索地方材料的转化应用，环保生态，可以使用具象、抽象等形式进行表达，注重资源的节约、再利用与再循环，做到与整体空间的融合。村中的一些老物件、废旧物品都可以作为装饰材料，点缀乡村景观，如陶罐、磨盘等。

5）文化宣传栏。文化宣传栏应结合乡村传统文化、民俗风情进行设计，采用丰富多彩的色彩与形式，布置在人流量大的地段，起到乡村宣传、文化宣传的作用。

4. 基础设施建设

（1）村庄道路。村庄道路是为农村居民生产、生活服务的道路空间，具有连续性，将村庄各个区域重要节点连接起来。村庄道路分为主干路、支路、巷路：主干路是连接村庄内部各主要区域以及村庄主要出入口的道路，在乡村道路体系里承担骨架功能；支路是连接村庄内部各区与干路的道路，支路应与干路结合组成道路网；巷路是连接村民住宅与村支路的道路。

中华人民共和国住房和城乡建设部、中华人民共和国国家质量监督检验检疫总局联合发布《乡村道路工程技术规范》（GB/T 51224—2017）中规定：乡村道路建设应在总体规划的基础上，以方便生活、有利生产、安全经济为原则，合理采用技术指标，满足无障碍要求，并应保护乡村自然生态环境和历史文化遗存。

1）主干路。主干路应以机动车通行为主，并兼有非机动车交通以及人行功能。过境道路不应作为村内的主干。主干路是村庄与外界环境联系的交通要道，其风貌会影响到外来人员进入村庄的第一印象，除了考虑其交通功能外，在风貌提升及景观要素的设置上，还应充分展示村庄的特色。

a. 设计原则：

安全性。村干路应采用人车分行的道路断面，确保机动车、行人能够各行其道。为保障各类交通通行空间的连续性和通畅性，应避免道路红线范围内堆放杂物。

特色性。村干路两侧空间宜作为村庄对内对外最重要的展示界面进行绿化、亮化和艺术化处理。

b. 设计要点。村干路应结合植物绿化、景观设施、村庄特色区域共同形成村庄形象展示带。机动车、非机动车、行人有序通行，植物绿化、景观设施合理布局，各空间及内部要素既相互独立又共为一个整体的村庄形象展示带。

道路横断面。主干路宜采用单幅路、两幅路，满足双向行车要求，双车道宽度不应小于6m。主干设置人行道时，人行道宽度不应小于1.5m，设置设施带时宽度不应小于1.0m，设施带可与绿化带结合布置。主干路车行道宜采用沥青混凝土、水泥混凝土等易于养护的材料，人行道宜采用透水铺装。

人行道。利用人行道设施带集中设置电箱、路灯、标识系统等设施，营造整洁的通行空间。在人行道外侧综合布局行道树、休憩座椅、绿化带、公交站点、标识牌、照明设施等景观设施及其他的市政基础设施，人行道两侧行道树宜选择冠幅宽广、遮阴能力强的乔木，提供舒适宜人的通行空间。

2）支路。支路是乡村的次级道路，是村民活动、交通的重要空间，人行空间与车行空间地位相当，可结合村庄的人文自然环境，营造良好的通行环境。

交通环境友好性。支路作为村民出行的重要载体，应坚持以人为本，创造安全、舒适、友好的出行环境。支路也是村民休闲娱乐交流的重要载体，宜合建筑、广场等创造多变的空间，为村民交谈与儿童玩耍创造良好的社交场所。

支路是村庄道路系统的枝干，满足单向行车和错车要求，车行道宽度不宜小于4m，设置错车路段的路基宽度不宜小于6.5m，有效长度应不小于20m，宜设置人行道。支路车行道采用沥青混凝土、水泥混凝土、地砖等易于养护的材料，人行道宜采用透水铺装。

3）巷道。巷道尺度小，是村民从村内道路进入到民居内的缓冲地带，私密性相较于主干道及支路较强，以慢行系统为主，尺度亲切。巷道需要完善市政设施，且进行环境整治。巷道一般为尽端式道路，需要延续原有格局，体现乡村的特色，营造一定的趣味感。地面材质应根据地区的资源特色，选用石板、卵石、砂石等乡土化、生态型的材料。

4）道路交通安全设施。村庄道路根据需求设置交通标志、交通标线、安全防护、信号灯等交通设施。村口应设置村牌、路标、交通限速标志牌或减速带，或采用特殊铺装等减速设施。在主要道路交叉口和学校、集市、商店等人流较多路段应设置人形横道线及相应的禁令、指示标志。在视距不良、高路堤、陡坡、急弯、临水沿河等路段，应在路侧设置相适应的视线诱导、限速、警告标志和路侧护栏。桥梁两端应根据桥梁承载能力设置相适应的限载标志；跨线桥、下穿立交两侧应设置限高标志。

（2）供水设施。利用现有条件，改造完善现有供水设施，保障饮水安全，逐步实现村庄集中供水，供水到户，满足农村地区人畜安全、方便饮用；有条件的村庄，供水设施应做到与整体环境风貌相协调。

水源地、蓄水池保护。设立水源保护区标志清除水源地周围20～30m范围内的污染源（垃圾堆、厕所、粪坑、牲畜圈等），保障蓄水池周边的清洁卫生，定期进行检查和维护，保障用水安全卫生。结合农村环境综合整治工作，开展水源规范化建设，加强水源周边生活污水、垃圾及畜禽养殖废弃物的处理处置，综合防治农药化肥等面源污染。

生活饮用水必须经过消毒。凡与生活饮用水接触的材料、设备和化学药剂等应符合国家现行有关生活饮用水卫生安全的规定。

给水管道应铺设在冻土层以下，并根据需要采取防冻保温措施；给水管道材质宜选择柔性机制球墨铸铁管、聚乙烯塑料管、聚丙烯塑料管等。

做好村庄节水工作，降低供水管网漏损率，普及节水型器具，提高村民节水意识，有条件的村庄可安装智能水表。

（3）排水设施。农村排水系统是处理和排除农村污水和雨水的工程设施系统，村庄应根据自身条件，建设和完善排水收集系统。农村污水主要是指农民在日常生活、家庭养殖和经营活动中产生的污水，包括洗涤、厨房、厕所污水及家养禽畜废水。

1）农村污水处理。农村污水存在地区分散、收集困难等特点，大部分未经处理的生活污水随意排放，导致沟渠、池塘的水质发黑变臭，蚊虫滋生，影响农村人居环境及威胁居民的身体健康，同时会造成饮用水水源污染以及湖泊、水库的富营养化。由于长期实行的城乡二元结构，农村地区在公共资源配置上存在严重不均衡，农村排水和污水处理设施严重不足。我国农村地区大都以明渠或暗管收集污水，污水收集设施简陋，不能实现雨污分流，往往会汇入雨水、山泉水等，汇集的污水成分复杂。粗放式的排放方式以及管网设施简陋、缺少维护是导致农村生活污水的收集率低的重要因素。

污水处理需要做到：合理选择农村污水排水体制，规范管道敷设。既有村庄可采用雨污合流制，有条件时宜采用雨污分流制；新建村庄应采用雨污分流制，村庄污水应输送至污水处理设施集中处理。排水管道埋地敷设时，应在冻土层以下，管顶覆土不宜小于 0.7m，不满足覆土要求的管段需加设保护措施。

因村制宜地选择农村污水收集及治理模式。农村污水收集可采取单户、小集中和大集中三种模式。单户是每户单独建设处理装置，污水就地处理；小集中是将几户、十几户或几十户的污水收集起来，建设处理设施就近处理，每村可能建设多座设施；大集中是将全村污水统一收集进行集中处理。依据村庄的现有情况、本地习俗及经济和社会条件，采取多元化的污水治理模式。对于靠近城镇或距离城镇污水管网较近的村庄，优先考虑管网对接。对于人口密度大、居住较为集中、地势平缓的村庄，或村庄布局相对密集、规模较大的村庄，可以考虑建设相对集中的污水处理设施。对于村庄布局分散、人口规模小的村庄，应根据地形特点分区域进行分散处理。

可结合农村厕所改造，采用户厕一体化生物处理设备，将农户产生的厕所用水、洗衣用水、洗澡用水、厨房用水进行处理并达标排放，处理后的污水可作为绿化、景观、灌溉用水，从根本上改变农村的卫生及污水处理状况。

2）农村雨水处理。现状农村雨水基本没有收集系统，随地势、沟渠排放到附近自然水体中。村庄垃圾在房前屋后、坑边路旁甚至水源地、泄洪道、村内外池塘随意堆放，无人负责垃圾收集与处理，造成了下雨时，雨水与污水混流，宝贵的雨水资源白白流走。而且，降雨会带着村庄的脏土、粪便、垃圾等，排入受纳水体从而导致径流污染的发生。此外，雨水排放系统的不完善，也会导致农村地区雨水淤积、洪涝危害的发生。

雨水治理需要做到：合理选择农村雨水排放方式，注重沟渠景观建设。雨水可采用管道或沟渠形式排放。雨水管道宜采用混凝土管；雨水沟渠宜与现状沟渠或道路边沟充分结合，宜就近取材，采用砖、石等材料；注重沟渠景观的塑造，可通过自然石材铺装、绿化种植等进行提升整治；雨污合流的现状明渠应加设盖板，并进行防渗处理。

探索利用雨水资源，建设海绵乡村。应对城市化进程中村镇径流污染、水资源流失和生态环境破坏等突出问题，充分利用地下水补给、养殖、农灌、景观等多功能回用的村镇雨污水深度处理与资源回用的技术，借助自然力量排水，"源头分散""慢排缓释"，就近收集、存蓄、渗透、净化雨水，建设海绵乡村。

（4）厕所改造。厕所改造不仅有利于改善农村环境，减少疾病传染源，提高农民群众的文明程度，也能有效带动厕具、环卫特种车、有机肥等相关产业和乡村旅游等服务业发展。

农村厕所分类。乡村内厕所按照服务对象不同分为公共厕所和农户家庭厕所。公共厕所供村民与外来人员使用，主要集中在村中主要的公共活动中心及服务中心、乡村旅游景区等；农户家庭厕所主要为农户家庭内部人员使用，是农村"厕所革命"的主要部分。

村庄内的公共厕所应结合村庄公共服务中心、村委会、公共广场、重要节点等处合理配置。旅游特色为主的村庄应结合旅游线路，适度增加公厕数量、外观设计上与村庄的文化内涵、旅游主题、传统建筑风格相协调统一，甚至可以作为建筑小品进行整体设计。

目前农村中的"标准厕所"会使用四大模式：在城镇污水管网覆盖到的村庄和农村新型社区，推广使用水冲式厕所；在一般农村地区，推广使用三格式化粪池式、双瓮漏斗式厕所改造；在重点饮用水源地保护区内的村庄，全面采用水冲式厕所；在山区或缺水地区的村庄，推广使用粪尿分集式厕所等。

三格式化粪池是由三个相互连通的密封粪池组成，粪便由进粪管进入第一池依次顺流到第三池。新建住宅，或室内已通自来水的，应统筹考虑最好将厕所建在室内，将厕所、洗漱间和浴室等一并安排，冲洗方便。老式住宅或尚未通自来水的，最好将厕所建在院内，根据夏季主导风向，把厕所建在住房常年主导风向的下风侧，禁止在水源边建造厕所、也不要靠近厨房，又要保证使用和粪便清运方便。若因住房条件限制，厕所建在户外，应根据村庄建设规划统一安排，选择背风向阳、地势略高、土质坚实、地下水位低，方便儿童、老人使用的地方。三格式化粪池基础应与相邻原建筑物基础间保持一定净距，其数值一般取不小于相邻基础底面的高差。

（5）垃圾治理。农村垃圾是指农村居民在生活生产过程中产生的综合废弃物，随着农村经济快速发展和消费方式转变，农村的生活垃圾排放量日益增长，加之垃圾乱扔等现象存在，部分地区陷入"脏乱差"的困境。农村垃圾污染问题已成为影响农民生活生产、农村城镇化建设和可持续发展的重要因素。

1）农村垃圾的分类。农村垃圾按来源可分为农业生产型垃圾、农村生活垃圾和城乡转嫁型/乡镇企业垃圾三种。农业生产型垃圾具有成分复杂、类型多样、布局分散的特性，主要包括畜禽粪便垃圾和农作物秸秆废弃物等；农村生活垃圾通常指在日常生活或为日常生活提供服务活动产生的固体废物；城乡转嫁型/乡镇企业垃圾是指城镇污染物流向农村/乡镇企业产生的固体废物污染。

a. 合理确定垃圾分类。垃圾分类是对垃圾进行预处置的重要环节，是实现垃圾减量化和资源化的重要途径和手段。目前，垃圾分类一般是按照可回收垃圾和不可回收垃圾或者有机垃圾和无机垃圾来进行分类。分类方法上，可以采用农户源头分类和保洁员二次分拣的二次四分法。即农户在家对垃圾进行初次分类，将原先垃圾分类处理普遍采用的四分改为二分法，分类标准简化为"可腐烂垃圾（可堆肥垃圾）"和"不可腐烂垃圾（其他垃圾）"两类，便于有效区分垃圾种类。村保洁员对已初步分类的垃圾再按可回收物（可卖）、有害和其他垃圾（不可卖）进行细分。通过二次四分，解决农户一次分类不到位的问题，保障了长效运行。

b. 合理确定垃圾收集方式，并配置垃圾收集设施。垃圾处理一般采用户分类、村收集、乡镇转运的方式，根据垃圾分类方式配备专门的收运工具，建立分类存储设施。垃圾收集设施主要包括垃圾收集站、垃圾桶，垃圾桶设置到片区，垃圾收集站（房）设置到村，使垃圾处理达到全面清洁。垃圾桶宜按照服务半径分片设置，每片设置一个垃圾桶；垃圾收集站宜设置于对外交通便利的位置，便于垃圾的运输。

c. 城乡一体化处理模式。城乡一体化处理模式原则上适用于处于城市周边20～30km范围以内、与城市间运输道路60%以上具有县级以上道路标准的村庄，生活垃圾通过户分类、村收集、乡/镇转运，纳入县级以上垃圾处理系统。

d. 集中式处理模式。集中式处理模式适用于平原型村庄，服务半径大于或等于20km，人口密度大于66人/km^2，且总服务人口达80000人以上，建立可覆盖周边村庄的区域性垃圾转运、压缩设施，该设施与周边村庄间的运输道路60%可达到县级以上公路标准。

e. 分散式处理模式。分散式处理模式适用于布局分散、经济欠发达、交通不便，人口密度小于或等于 66 人/km² ，与最近的县级及县级以上城市距离大于 20km，且与城市间运输道路 40％以上低于县级公路标准，推行垃圾分类的分散型村庄，提倡对分选后的有机垃圾进行就地及时资源化处理。

2）加强垃圾收集设施外观设计的引导。垃圾收集站用房的外观设计应与周边建筑相协调，并在收集站四周设置绿化隔离带，减少对村民生活的影响。有条件的村庄，特别是以旅游为特色的村庄，垃圾箱、垃圾站（房）应体现乡村地域文化特色、乡村文化标识，外观设计可灵活组织，采用木、竹、石材或者特种水泥制品制作，取材容易，使用清理方便。

重点排查整治村庄内垃圾堆放点，清理公路边、铁路边、河边、山边，特别是村庄内外积存的建筑和生产生活垃圾，重点整治垃圾山、垃圾围村、垃圾围坝等问题，消除房前屋后的粪便堆、杂物堆，实现村庄周边无垃圾积存、街头巷尾干净通畅、房前屋后整齐清洁。

合理引导农业生产设施布局及垃圾处理，合理引导农业生产设施的布局，减少对农村生活环境的影响。集中设置秸秆、农机具等公共堆放区域，养殖与居住适度分离。

实施农牧循环工程，以畜禽养殖和农业种植有机废弃物资源化利用为重点，推进农业生产垃圾的收集、转化、应用三级网络建设。农业生产垃圾分成可堆肥和不可堆肥两类，菜叶果皮、腐烂瓜果、作物秸秆、枯枝烂叶、饲养动物粪便等垃圾做堆肥处理，通过处理技术进行转化应用，减少集中处理垃圾量。

堆肥处理方式有两种：一种是建阳光堆肥房；另一种是建机器发酵堆肥站，以前者为主。按照行政村人口，采取"一村一建"、适当的"多村合建"以及"村企联建""村校共建"等方式，建设"两格式"阳光堆肥房。堆肥房屋顶安装透明玻璃，配备活性炭投放、通风和微生物投放等技术配套装置，利用生物技术，堆肥期为 2 个月（采用好氧高温堆肥技术后，堆肥期由原先的 6 个月缩短至 2 个月）。堆肥由专业公司、专业合作社用于制作有机肥或直接还田增肥。

3）加强分类收集处理宣传力度，对村民进行科普教育。垃圾管理与处理是一项复杂的社会系统工程，社会活动的最终主体是人，强调人人参与，因此公众的广泛参与是重要组成部分。美丽村居建设过程中应该在村内加强分类收集处理宣传力度，对村民垃圾分类知识进行普及，提高村民环保意识，引导村民源头分类，将可回收资源自行整理，其他垃圾分类处理，选择最佳资源化利用途径。

（6）清洁供暖。清洁供暖是指采用清洁能源或高效、清洁的能源转换系统后实现低能耗和低排放的供暖方式。清洁能源是指不排放污染物的能源包括核能和可再生能源（水能、风能、太阳能、生物能、沼气、浅层和中深层地热能等）。

1）调整优化农村供热能源结构，推广使用绿色清洁能源。鼓励通过清洁燃煤替代、"煤改电""煤改气"等方式，减少煤炭散烧直排和煤炭扬尘污染，积极探索和形成适应村居经济社会发展要求的清洁、低碳、安全、高效的新型能源消费方式。

2）因地制宜、经济合理地选择清洁供暖方式。应按照宜气则气、宜电则电，居民可承受，集中与分散相结合，因地制宜选择符合农村实际的供暖方式，实现农村供暖多元化发展。统筹区域内能源资源供应、环境约束、经济承受能力和用热需求等特点，优先利用城镇集中供热管网延伸覆盖，同时发展天然气、电能、工业余热、热泵、生物质能及太阳能等清洁能源供暖。

空气源热泵凭借产品的高效、节能、稳定、舒适、安全、绿色、环保等一系列优点，成为煤改清洁能源取暖工程中的主力产品。空气源热泵热风机在设计上只涉及氟路系统，由于没有水路系统，不用担心水路管道被冻的风险，所以机组在安装、保养和维修的时候也更简单。在加热时间上，由于热风机是直接向房间送风，无须加热水路，所以启动后很快就可达到要求的供暖效果。对包括农村和其他一些有速热需求的场所来说，热风机更合适。在建筑保温良好的前提下，传统农村家庭维持室内温度20℃左右，结合谷峰电价和电费补贴后，一个采暖季（约4个月）的费用不超过2000元。

（7）亮化工程。全面推动村庄亮化工程，全面提升农民的生活质量，重点亮化道路、村口、广场等公共节点，旅游特色村应着重进行旅游照明规划设计。村庄的乡土照明需要创造功能舒适和安全，照明节能与低碳，视觉欣赏与趣味，意境独到与唯美的村居幸福光环境。

1）交通性道路路灯。交通性道路路灯应注重安全性与经济性。根据山东省日照较为丰富的气候特点，建议使用太阳能路灯对村庄主要交通道路实行亮化。

2）次干道、巷道等生活性道路路灯。村庄次要街巷和滨河景观道路沿路布置路灯布置应兼备注重经济性和特色性。宜择暖色柔和的光源，灯具风格应体现乡村特色。

3）节点空间照明。乡村节点照明更注重艺术性，宜结合功能场所、标志物、环境小品等设施选择适合的灯具造型、色彩和组合，以达到渲染氛围的效果。

（8）其他设施。其他设施主要包括为农村产业发展配套使用的设施。根据产业类型的不同，包括农业配套设施、工业配套设施和服务业配套设施三类。

1）农业配套设施。农业配套设施包括农业生产设施、禽畜养殖设施、农业仓储设施、高质量农田设施，比如粮食晾晒场地、养殖场地、种植大棚、农田水利设施等。

a. 集中化的设施布局，保持场地的整洁性。规划集中的种植业、禽畜养殖业基地，集中布局运输业车辆存放场地，实现规模化种植。合理规划规模化粮食生产的粮食晾晒、粮食烘干、粮食和农资临时存放、大型农机具临时存放等用地的选址与规模；引导其集中布局，避免杂乱无序的布局对道路环境、农村卫生环境等造成的污染和破坏。

b. 注重生态环境的保护，提升场地的景观性。注重场地周边自然生态环境的保护，禁止占用永久基本农田建设休闲养殖、仓储厂房等设施。水资源丰富村庄的生态渔业养殖应注重渔业资源修复和保护，循序持续发展。提升农业配套设施的整体景观品质，建设与周边环境相适应的农业设施场地。

c. 现代化的设施建设，保障农业生产的安全性。结合产业发展，配备先进、适用的现代化农业生产设施设备。保障农业配套设施的安全建设，增强其抵御各类风险的能力。

2）工业配套设施。工业配套设施包括村办企业生产设施、科技研发设施和服务配套设施，比如厂房车间、办公用房、农副产品加工场地等。

a. 因地制宜布局产业设施，避免环境污染。结合优势农业，发展农副产品初加工、精加工及衍生产品，提高农产品附加值；鼓励村内企业分工合作、互补协作，形成集群效应。保障工业配套设施的安全建设，禁止建设化工、印染、电镀等高污染、高能耗、高排放等工业企业，避免对农村环境造成破坏。

b. 存量用地优先利用，避免农村土地资源浪费。节约集约用地，鼓励利用农村零星分散的存量建设用地，按照规划要求和用地标准，进行农产品加工、农产品冷链、物流仓储等工业配套设施的建设。

3）服务业配套设施。服务业配套设施主要指农产品物流配送中心、乡村旅游、农村电商等服务业配套设施。

a. 积极引导乡村旅游业发展。在符合生态环境保护要求和相关规划的前提下，支持利用未利用地、废弃地等建设旅游项目，积极发展乡村旅游业，为乡村注入新的活力。合理规划乡村旅游的线路组织、空间布局等，结合山水、林田、村居等，打造具有地方特色的乡村旅游目的地。

b. 合理引导闲置农村住宅的再利用。在充分保障农民宅基地用益物权、防止外部资本侵占控制的前提下，鼓励和引导村民利用自有住宅改造民宿、创意办公、休闲农业、乡村旅游、休闲养老等农业农村体验活动场所。

c. 建设风格注重乡土特色与地域文化的传承。有旅游功能的特色村可按照实际新建或改建旅游接待服务中心，将各种功能综合布局，建筑风貌体现乡土特色，建筑风格体现地域传统文化特色，不可盲目"贪大求洋"。

第六章

农村人居环境与旅游协同发展规划设计案例分析

一、生态文化资源丰富型的乡村

生态文化资源丰富的乡村最大的优势在于原生态的自然环境、历史悠久的人文景观以及独具地域特色、传承价值较高的民俗手工艺，这些乡村是我们亲近大自然的最佳去处，也是历史的见证和劳动人民智慧的结晶。我们一直秉承的是保护优先、资源整合与开发利用相结合的路线。

一些曾经湖光山色、民俗文化丰富多彩的乡村，现在正面临着传统技艺衰败、村庄破败、空心村、经济社会缺乏活力的命运。对于生态优势明显的乡村，我们在规划与设计过程中，应考虑从农业生产、森林草原、山地水晶、生物群落等方面，比如恢复植被、减少污染物排放等。同时需要与旅游发展相结合，完善基础设施配套与服务配套，带动餐饮、住宿等相关行业的发展，以此推动可持续性发展。对于文化特色突出的乡村，在规划设计过程中，需要梳理文化脉络，整合历史文化资源，采取保护修复古建筑、新旧建筑的融合等方式，并辅以举办民俗节日等活动策划，增强乡村的活力。

下面以山东省淄川区龙湾峪村为例剖析生态文化保护型乡村的规划与设计。

（一）基本概况

淄博市淄川区西河镇龙湾峪村，位于西河镇东北·6km处，东临西河镇，西接龙泉渭二村、台头村，约建于元代，因位于龙湾峪内，故以此名。村落属于汉族，共有五大姓氏，杜、王、李、孙、高。五大姓氏在村内大都是杂居分布，只有杜氏小部分连片分布。村内现有230人，110户。该村通过盘龙路与外界联系，向东联系西河镇，向南深入西河镇。西河镇系丘陵地带，东、西、南三面环山，东西最大距离 13km，南北最大距离 10km，主要山脉有玉皇山、庙子岭、郭家顶、旮旯山、黄崖围、古坪洲、苍龙峡、油篓寨、大劈山等。龙湾峪村农作物种植有小麦、玉米、高粱、谷子、黍子、大豆、地瓜、芝麻、花生、蔬菜等。如图 6-1 所示为龙湾峪村的村庄布局。

图 6-1　龙湾峪村的村庄布局

1—蜘蛛山；2—蜘蛛洞；3—魁星阁；4—苍龙宫；5—宋松；

6—唐槐；7—龙王庙；8—苍龙峡；9—士大夫庙

村西苍龙峡是古淄川"二十四景"之一，长、宽各 100 多米，非常幽深，峡谷西侧石壁如削，洞边有一怪石蜿蜒似龙，故名苍龙峡，也被称为龙石峡（图 6-2）。峡东有一小山突起，形似一只蜘蛛，因而称作蜘蛛山，山半腰处有一条东西贯通的天然岩洞"蜘蛛洞"，洞上方有砖雕文字"渐入佳境"，但现在已经模糊（图 6-3）。蜘蛛山顶有一处古塔，原有基础上新建，上书"魁星阁"，这个古塔又名八卦云楼、文昌阁，内供文昌帝君和魁星二神，这也是目前村内的标志性建筑（图 6-4）。

村西南古迹苍龙宫（图 6-5），是区级重点文物保护单位，北靠一处峰峦，东

图 6-2　苍龙峡　　　　　　　　　　　图 6-3　蜘蛛洞洞口

图 6-4　魁星阁

图 6-5　苍龙宫

有玉皇宫，西为苍龙峡，南侧高岗名观峡台。盘龙宫坐北朝南，有两个院落组成，占地788m²，始建于唐，历代多次重修。据《重修龙王庙记》，明万历二十一年（1593年）曾大规模修葺，主要建筑有玉皇殿、灵霄宝殿、碧霞元君祠、龙王庙、关爷庙、士大夫庙等。庙内现存唐槐、宋柏及八卦石等，有古碑多通，大部已毁。宫门一古槐荫及山门，为唐槐之一，印证了龙湾峪村悠久的历史。

（二）村落风貌

村落处于两山之间，村子主要建在北山阳坡的半山腰至山脚间，山区自然环境较好植被繁茂，气候宜人，民居沿山势而建高低错落有致，民居多以北方四合院的形态存在，建筑材料以就地取材的青石砌成房屋，部分房屋用少量的青砖砌房屋的门窗的垛子，墙体大多以青石砌成、少量用砖石混砌等混砌而成，以北方四合院的形态存在（图6-6）。

图6-6　龙湾峪村院落

1. 村落发展历程

龙湾峪村整体村落与周围环境紧密依存，村庄被山体围合，区位优越，交通便利，环境宜人，景色优美，符合传统的村落选址要求。该选址特点为偏僻安全和避风。此地偏僻安全，三面环山，在此建村，依山为屏障，具有很好的防御作用，能有安全保障。同时村庄依山而建，高大的山体能够遮蔽寒风，村落房屋的建设坐北朝南，采光良好。传说唐代有一杜姓南方人，善观风水，游历到此，认定这是一块风水宝地，决定将祖坟迁至此地。南方和这里山高路远，那时交通不发达，往返需要很长时间，待从南方回来，发现此地已建起了一座龙王庙。无可奈何，又不舍得离开此地，只好在周围安顿下来，世代繁衍，杜姓可谓最早一批该地的姓氏，随着时间推移，认可该地风水，迁徙至此的他姓族人渐多，最终形成村落。截至今天，杜、王、李、孙、高业已成为龙湾峪村的五大姓氏。

自然风貌：村子主要建在北山阳坡的半山腰至山脚间，山区自然环境较好植被繁茂，气候宜人。所处区域为独立流域，苍龙峡是更般河之源头，有大、中、三个龙湾，水资源丰富。

2. 整体风貌特色

村落建筑以内部石板路、砖路等集中布置。主要建筑朝向以南向为主。因地处偏僻，长期较为封闭，传统石头建筑基本保持良好的传统格局，街巷体系完整，传统公共设施利用率高，且与村民生产生活保持密切联系。民建筑居沿山势而建高低错落有致，民居多以北方四合院的形态存在，建筑材料以就地取材的青石砌成房屋，部分房屋用少量的青砖砌房屋的门窗的垛子，墙体大多以青石砌成、少量用砖石混砌等混砌而成，以北方四合院的形态存在。村内的建筑、街巷如图6-7所示。

图6-7 村内的建筑、街巷

3. 村内建筑

村里民居建筑主要以当地石材构筑，占到全村建筑的85％以上，青石砌墙，人字形屋顶，有苍龙宫、蜘蛛洞、文昌阁等庙宇，唐槐、宋松等碑刻，国槐、侧柏、百年以上的古树，桥涵、古井、古碾、石磨等反映淄川东部山区农村生产生活的实物。

村庄主要建筑格局具有浓重的北方建筑特点：一是石墙、石檐，草顶以及具有北方建筑特点的建筑装饰；二是具有前、后院落，影壁墙等的居家风格；三是体现北方居民分宗族而居特点的"四合院"建筑。

现存的很多院落由于缺乏修缮和维护已经破败不堪，但是也有几个院落保存的比较完整，当时的建筑风格和工艺水平依然能较好地体现出来，每个院落宽绰疏朗，四面房屋各自独立，由于院宽敞可在院内植树、栽花、养鱼、饲鸟、叠石造景。建筑凝练，建筑所用木料考究，北屋正面山墙或屋门处大多用石雕修饰。木雕、石刻、砖雕工艺精巧，与文物古迹相得益彰，集中反映出明清时代民居的建筑风格和工艺水平，具有独特的历史艺术价值。

随着时间的流逝，村内后来不断建设的房屋也呈现出不同的形制，如图6-8所示。

层数：1层
层顶形式：茅草
墙面：不规则石头墙
材料：石头、土坯、木

层数：1层
层顶形式：灰、红瓦
墙面：规则石头墙面、
　　　水泥勾缝
材料：石头、水泥、木

层数：多为1层、个别2层
层顶形式：水泥平顶、坡
　　　顶沥青瓦
墙面：瓷砖贴面
材料：砖混

图6-8　不同年代的建筑特点（成佳霖、董颖　绘制）

（三）规划与设计

设计思路1：从保护龙湾峪村自然生态环境作为第一要务，充分尊重山水环境特色，通过较少的干预以最大限度维护龙湾峪村的自然格局、街巷肌理、历史风貌、建筑特色。

设计思路2：乡村综合发展理论认为，乡村系统内在因素及内生动力和外援驱动力的共同作用，是推动乡村系统发展的关键。龙湾峪村庄的改造需要平衡本村的发展动力，需要本村自身动力以及产业扶持等相关政策的外力齐头并进，共同推动。乡村发展的内力是该村落中村民实际需求的综合，需要"增"与"减"相结合、双轨模式进行村庄的规划改造设计（图6-9）。

图6-9　乡村发展的双轨模式（成佳霖、董颖　绘制）

设计思路3：保留突出传统文化特色，对全村古建筑、古物、古树等文化保护资源进行梳理，提出保护措施，对于更新建筑，考虑建筑风格的一致性，使古村风貌得以不断传承。加强地方文化的保护与传承，增加展示空间与活动，打造文化旅游品牌。

设计思路如图6-10所示。

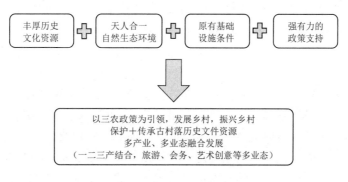

图6-10　设计思路（成佳霖、董颖　绘制）

1. 空间结构

一带一环，双心多组团：

（1）一带即为苍龙湾。苍龙湾从北到南犹如丝带一般贯通龙湾峪村落，将苍龙峡、蜘蛛洞以及古塔犹如串珍珠般串联起来，并且与周围山体形成良好的自然景观。

（2）一环即为乡土文化景观绿带。将散落在龙湾峪村落内部并且具有历史记忆的公共活动空间串联起来，成为龙湾峪村落一条亮丽的乡土文化珍珠项链。

（3）双心即为历史文化游览区与文化创意体验区。

（4）多组团即为山村特色民宿区、村民居住区以及农耕区域。

2. 功能分区

本规划基于龙湾峪村的乡土遗存出发，重塑村落空间，以游览线路作为明线、龙湾峪村落的历史遗存为暗线，进行功能分区（图6-11），分为历史文化游览区、文化创意体验区、传统农业耕作区、山村特色民宿和村民居住区：

（1）历史文化游览区。历史文化游览区是龙湾峪村的历史中心。规划时，在保持原有风貌和历史文化的基础上，拓展一些相关的游览功能，进而树立村庄品牌，以此提升该区域的知名度，进一步吸引游客，形成经济提升与文化交流的良性循环。该区域内有"一庙一塔一洞一水塘"。在规划设计中，将玉皇宫庙、魁星阁塔、蜘蛛洞所在的区域，进行了整体串联设计，增加了空中连廊。规划设计中，通过延引苍龙峡的水体，拓展出了一条穿村而过的苍龙河，并通过景观设计，在河边增加了亲水平台，在空间上营造变化。在此基础上，加入小型水车景观、水上廊桥等景观元素，以丰富现有的水体景观，并和古庙、古塔、古洞互相映衬，形成具有独特魅力的乡村文化河道景观。

（2）文化创意体验区。文化创意体验区是集休闲娱乐、文化体验、艺术交流为一体的活动中心。该区域的特色是每组建筑的功能布局和建筑改造样式，规划时，在保持村庄传统风貌的基础上，拓展一些相关的艺术体验和交流功能，以此带动村庄传统民俗活动的发展，进一步吸引游客，形成经济提升与艺术体验的良性循环。

在规划设计中，将村庄自西向东依次规划为游客接待中心、手工艺体验作坊、文化茶馆、民俗博物馆、艺术家工作室。并分别赋予它们游客接待、文创体验、休闲娱乐、村庄民俗文化展示、艺术陈列学习的功能。

在建筑改造方面，对现状建筑进行了规划重整。部分保持原有建筑的结构。比如茶馆，就是将一片保存完好的传统风貌建筑进行保护性修整，并再次利用。在其传统建筑风貌的基础上置入传统手工艺体验的功能，进一步吸引游客。部

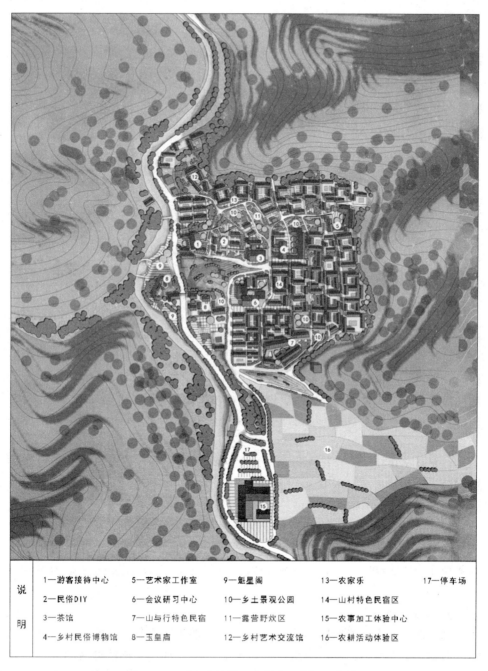

说明	1—游客接待中心	5—艺术家工作室	9—魁星阁	13—农家乐	17—停车场
	2—民俗DIY	6—会议研习中心	10—乡土景观公园	14—山村特色民宿区	
	3—茶馆	7—山与行特色民宿	11—露营野炊区	15—农事加工体验中心	
	4—乡村民俗博物馆	8—玉皇庙	12—乡村艺术交流馆	16—农耕活动体验区	

图6-11　平面布局图（成佳霖、董颖　绘制）

分拆除重建。拆除重建的建筑是从原有建筑中提取建筑元素，以此为思路进行建筑的重新设计。比如艺术家工作室，现状建筑只剩下部分墙体和廊架结构，在此基础上拆除重建，提取坡屋顶的元素，在此基础上加入了二层连廊的概念，设计出可上人屋顶，拓宽了建筑功能，增加了趣味性。

（3）传统农业耕作区。传统农业耕作区是龙湾峪村的农业体验中心。规划时，在保持原有农田风貌的基础上，拓展一些相关的农田展示、农业体验、农作物后续加工制作的功能，进一步吸引游客，形成经济提升与农业体验的良性循环。

该区域内有一块大型农田和一块可建设用地，在规划设计中，以可持续发展和保留村庄现状资源为原则，在现状种植业的基础上增加小范围的养殖业，以便于后续规划自然教室、儿童体验等活动。同时增加一个小型农田景观公园，为游客制造一个在进行采摘体验、城市农场活动时的休憩空间。在对该区域进行活动策划时，结合农田风貌、农业种植和养殖产业进行策划。

（4）山村特色民宿区。山村特色民宿区是龙湾峪村的民宿体验中心。规划时，在保持北方传统院落空间结构的基础上，依据现状地形，对部分建筑组团的样式进行改造，进而增加民宿区的建筑丰富性，以此带动村庄旅游的发展，进一步吸引游客，形成经济提升与民宿体验的良性循环。

建筑立面延续村庄原有的建筑立面，在此基础上融入传统农作物元素、陶瓷元素、农具元素作为院墙装饰。在院落种类上，划分出一进院落、二进院落和三进院落，可适应不同游客的需求，既能提供团体接待，也能提供家庭住宿。同时，设计出二层架空连廊，发展酒店式住宿，为不同需求的游客提供不同的住宿环境。

（5）村民居住区。村民居住区散布于村庄各个部分。规划将现状房屋质量良好的、风貌与传统建筑风貌相符的建筑，进行了多数保留少数改造的设计，并将这些区域定位为传统居住区，用于村民的安置。

村庄的院落格局为北方传统民居四合院，由正房、厢房组成。建筑立面延续村庄原有的建筑立面。后期村庄发展时，鼓励村民自发装饰房屋，并在后续规范下，鼓励村民自发开展农家乐。对村庄建筑改造示意图如图 6-12 所示。

3. 旅游活动策划

结合四季元素，依据四季景观变化、节气更替，举办不同的体验活动。如春节时刻，举办年俗活动、剪纸、祈福等活动；三四月赏花踏青活动等；五六月民俗活动；七八月清凉消夏活动等。如图 6-13 所示，不同时间、不同场所开展不同的旅游活动。

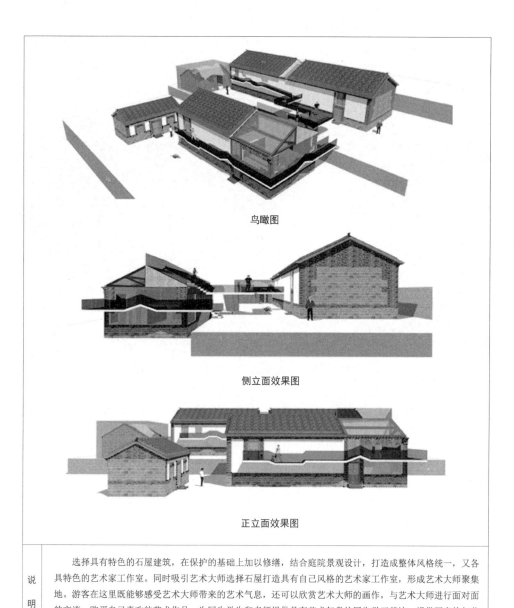

鸟瞰图

侧立面效果图

正立面效果图

说明	选择具有特色的石屋建筑，在保护的基础上加以修缮，结合庭院景观设计，打造成整体风格统一，又各具特色的艺术家工作室。同时吸引艺术大师选择石屋打造具有自己风格的艺术家工作室，形成艺术大师聚集地。游客在这里既能够感受艺术大师带来的艺术气息，还可以欣赏艺术大师的画作，与艺术大师进行面对面的交流，购买自己喜欢的艺术作品。为写生学生和老师提供具有艺术气息的写生学习基地，提供更多的与艺术大师请教学习的机会。

图 6 - 12　村庄建筑改造示意图（成佳霖、董颖　绘制）

图 6-13　旅游活动策划图（成佳霖、董颖　绘制）

（四）案例总结

对于生态文化资源较为丰富的乡村，充分利用这些条件，详细梳理生态、文化资源，挖掘村落建筑、街巷格局特点，加强基础设施及其公共服务设施的规划与建设，开展观光、体验、教育等旅游活动。

首先，挖掘生态文化资源，提出生态保护措施，整合规划设计。乡村独特的自然景观和文化传统是此类乡村独具特色的资源，以此为载体，开展挖掘、保护、传承与创新，让游客感受生态景观环境带来的愉悦性，同时体验优秀的传统文化、乡土文化。

其次，完善基础设施，增加旅游体验。完善旅游交通体系，统筹构建交通网络网，特别是旅游交通环线，可以减少游客在途时间。同时将交通设施的规划设计与道路景观相结合，以期达到交通需求与景观效果的协调统一，形成动态的风景线，最终形成大环境景观，引导游客感知如画的体验。

最后，合理定位，紧扣时代脉搏，创新旅游产品体系。创新是实现乡村旅游差异化发展的必由之路，根据乡村的资源特质、面对的市场客户群特征，可以打造文旅结合民宿、露营基地、体验农场等多种形式，满足人们多方位的旅游需求。

二、景村融合发展型的乡村

在城镇化快速发展的过程中，很多乡村面临着空心化、边缘化的窘境，生态环境逐渐恶化，传统农业筑渐衰弱，要建设"看得见山、望得见水、记得住乡愁"的乡村，需要科学规划，因地制宜选择发展模式。乡村是一个整体有机的系统，通常包括自然生态、经济生产、居住生活三方面，其乡土性是乡村旅游的核心特征，同时乡村历史积淀形成的风俗文化也是乡村重要的旅游吸引力。景村融合正是将乡村建设与景区发展融为一体的有效方式，旅游景区带动乡村发展，乡村要素助推景区发展，通过系统内各方利益的协调和资源的配置，达到乡村经济、社会与环境的协调发展，从而构建空间呼应、资源共享、要素互补、利益共赢的共同体。

下面以"山东省沂南县铜井镇竹泉村"为例剖析景村融合发展型乡村的规划与设计。

竹泉村位于山东省临沂市沂南县铜井镇，竹泉村景区是在竹泉古村的基础上开发而成，竹泉村古称泉上庄，清朝乾隆年间改名竹泉村。竹泉古村背倚玉皇山，中有石龙山，左有凤凰岭，右有香山河，前有千顷田，是中国传统的风水宝地。古村泉依山出，竹因泉生，村民绕泉而居，自然环境与人居村落完美结合，呈现出中国北方独有的竹乡泉韵灵秀之气，是难得一见的桃花源式古村落，竹泉村不仅具有竹林、泉水，还保留和传承了沂蒙山乡特色民俗文化，2007年，青岛龙腾集团独资开发竹泉村，投资1.5亿元进行整体打造。2009年起，竹泉村获评"国家级水利风景区""中国人居环境范例奖""全国休闲农业与乡村旅游示范点""中国十大最美乡村"、第四批中国传统村落名录公示名单等多项殊荣。

在古村西侧，新村部分按照社会主义新农村的标准建设安置村民。两村并存的模式开创了景区与乡村建设的沂南模式，村民的土地出租给景区，可以获得一部分土地收益，村民还可以去景区打工，获得劳动报酬，这种模式较好地解决了原住村民的收入来源问题，也很好地解决了景区的用工需求。竹泉模式是乡村振兴战略的很好的例证，这一模式也在实践中得到认可。

（一）规划地概况

1. 基本概况

（1）区位及交通。竹泉村北邻沂水县，南接临沂市，距铜井镇驻地5km，距沂南县城 12km，距临沂市 50km。竹泉村东靠辉泉村，西临范家庄村，南与鲁庄为邻，北与张家坪村相连，沂蒙生态大道穿村而过。最近的飞机场为临沂机场，到达竹泉村约 2h，最近的高铁站是临沂北站，到达竹泉村约 1h。

通往竹泉村庄的交通十分方便，有高速以及省道 229 直达，且沂蒙生态大道穿村而过，交通十分便捷。竹村庄附近有公交站点，每 20min 一班。竹泉村内主次干道及背街小巷基本实现了道路硬化，均采用水泥路面，路况良好，初步形成了鱼骨式网络。

（2）历史沿革。户户流水的竹泉村至少有四百年的历史，原称"泉上庄"，是村中高姓望族于明朝末年立村所建，后于高氏族人高名衡改名为"竹泉"。高氏族人明末兵部右侍郎高名衡、明末青州衡王府仪宾高炯都曾在此修建别墅，享受天趣。清朝雍正初年，高氏的后人高淑增，在安徽六安做知县，他千里迢迢带回来了竹子，栽在了族长的院内。南竹北移，居然落地生根，高氏族人认为这是兴旺的征兆，便精心呵护，每年各家移栽新竹，竹随人走，人随竹旺，发展到今天，竹子无处不有，郁郁葱葱。这里，泉依山出，竹因泉生，村民绕泉而居，砌石为房，竹林隐茅舍，家家临清流，田园瓜果香，居者乐而寿。

20 世纪 70—80 年代，村民依山坡分散居住，道路、排水杂乱，生活极不方便，守着美景过穷日子，如何走出一条彻底改变村民生活条件的路子，从根本上改变竹泉村的面貌，成为竹泉峪村发展的最大瓶颈。镇党委政府聘请规划设计部门专家对竹泉峪村整体进行了规划设计，镇村成立了强有力的工作班子，于 2000 年 8 月底整村搬迁全部完成，成为全省乃至全国北方地区古村落文化旅游开发的"竹泉模式"，即一个竹泉峪村变为开发后新旧两个村落，以古村美景为依托的竹泉古村和整村搬迁后新农村新风貌的竹泉新村（图 6-14）。

（3）村组及人口。竹泉峪村为行政村，由张家坪村、竹泉村、桃峪村三个自然村组成。竹泉村户籍人口 970 人，335 户，常住人口 970 人。0～6 岁人口 25 人，7～18 岁人口 113 人，19～40 岁人口 318 人，41～65 岁人口 348 人，65 岁以上人口 166 人，男女比例 1.2：1（图 6-15）。经访谈得知，村内有外出人口 30～40 人。外来人口 10 人，主要从事旅游服务业。人口主要姓氏为高姓。

（4）资源现状：

1）农业资源。竹泉峪村耕地面积 877 亩，主导产业种植业为生姜、芋头，常年种植 300 亩左右，共有 130 户农户种植。果品业主要以板栗为主，种植面积 600 亩。农产品资源丰富。

2）历史文化资源。非物质文化资源包括黑陶制作、牛皮弓制作、指画、烙画等传统手工艺技术，形成良好的传统文化氛围。

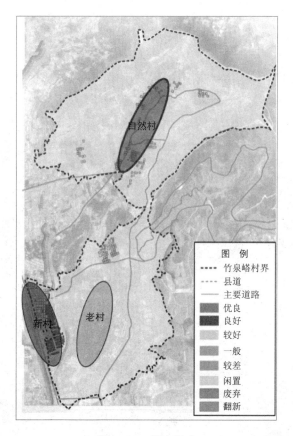

图 6-14　村庄组成

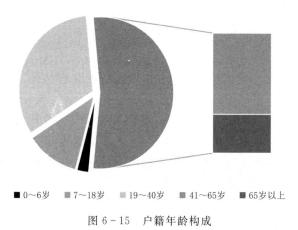

■ 0~6岁　■ 7~18岁　■ 19~40岁　■ 41~65岁　■ 65岁以上

图 6-15　户籍年龄构成

3）旅游资源。旅游资源丰富，拥有青山、竹林、溪水等自然风光（图6-16），同时还拥有寨子水库、驸马府，2000年8月底整村搬迁全部完成，以古村美景为依托的竹泉古村被授予山东省首批"逍遥游"示范点、国家4A级旅游区，成为全省乃至全国北方地区古村落文化旅游开发的"竹泉模式"。特色家畜禽和特色农作物种植也十分丰富，此外还有以人文活动为内涵的民间演艺、饮食风俗、农贸活动等。

图6-16　竹泉旅游区景观资源

2. 经济产业

（1）第一产业。竹泉村主导产业种植业为生姜、芋头，果品业主要以板栗为主，该村种植有机、绿色、无公害农作物面积占全村耕地面积的72%。此外从事苗木、花卉种植户共6户，农业产值142万元，农民人均纯收入17432元。

（2）第三产业。竹泉村有竹泉旅游度假区，为本村及周边村民提供了大量就业岗位，先后开发建设沿街商铺20万 m^2，发展农家乐餐饮、住宿经营户50余家，特色商品经营户30余家，500余村民实现了就地转移就业。

（3）土地流转与村集体收入。竹泉村农业产值142万元，个体经营收入320万元，农民人均可支配收入17432元。

通过走访得知，2006年与2013年竹泉村通过租赁方式将310亩土地流转给竹泉与马泉相关企业，租期50年，每亩地租金为1000元。土地流转后用作观光旅游，种植大樱桃。

3. 村庄特色

（1）自然资源。竹泉峪村气候温和湿润，有大面积的种植农田，耕地广袤、水系发达，自然环境品质良好。泉村地势较高，地处平原地带。村域面积1000亩，由竹林及耕地包裹着整个村庄，村内植被丰富，村前溪流水质清澈。

（2）村庄形态格局。竹泉村居民点分布较为集中，主要集中在竹泉景区周边，居民住宅被一条河流分隔开，分为东西两部分。河西边为新村部分，这部分村民大多数是被竹泉景区占用了原有的宅基地而搬到此处的，西部的这部分房子多沿竹泉村主路及其多条支路分布，房子多为南北朝向。河东边主要为竹泉景区部分，房子散落分布，大多数为景区所用。

位于河西部的居民点的聚落感相对较强，民居多为南北朝向，日照充足。房子面朝村道开。老年房沿主路一侧建造，且住宅前有小面积空地，用于种植蔬菜瓜果，邻里关系较密切。

（3）风貌特色。竹泉峪村村庄建筑多为砌砖低层住宅，住宅房屋新老交错，但绝大多数为2000年后所建的较新的建筑，沿街分布。竹泉村建筑基本保持坐北朝南走向，建筑特点为茅草双坡屋顶，石砌墙体。整体传统建筑风格古朴、粗犷，具有鲜明的鲁南山地民居特色（图6-17）。

（4）特色空间。村内没有单独的广场用地，村委前的道路为开放性最强的带状公共空间，因为紧邻竹泉景区入口，一侧沿河，自然景色十分优美，所以村民大多选择在此摆摊经商，旅游旺季到来时，这条路也成了村里最热闹、最具有生活气息的地方。此外路旁的小菜田和自家宅院也成为竹泉村的主要特色空间（图6-18）。

4. 人居环境建设

（1）土地利用。村内空闲建设用地较少，用地紧张，村中缺乏建设公共活动广场的场地。景区占地面积大，道路交通、公共设施和市政设施用地不足。

（2）村庄居民点分布。竹泉峪村现有建设用地24.1hm²，竹泉村村庄居民点居住用地分布于村庄主干路两侧。桃峪村由于地处山地，居民点居住用地成小组团式分散分布。竹泉峪村居民点村庄分布过于狭长，且部分较散乱，村中缺乏公共设施，缺乏供村民健身、活动的场所。

（3）基础设施：

1）给水。

a. 水源。给水系统较为完善，村庄北侧建有高位水池，水源为当地山泉水。村内有三个水泵。

图 6-17　风貌特色

b. 给水管网布局。竹泉村现状供水管网以枝状为主。

c. 存在问题。天气炎热时，现状供水规模无法满足山上林木，果树的灌溉问题。

2）排水：

a. 排水体制。排污系统较为完善，雨水为明渠排水，景观用水及饮用水为两个给排水体系。

b. 污水处理厂。铜井镇现没有污水处理厂。

3）电力。竹泉峪村供电设施符合《标准电压》（GB/T 156—2017）、《农村电力网规划设计导则》（DL/T 5118—2000）要求，无安全隐患，能满足村民生产、生活需求。电源：村内有一个变压器，上接铜井镇电力管网。

（4）电信：

1）电信设施。竹泉峪村电话（手机）普及率已达99%，宽带入户率则达到了75%，已经形成了信息传递方便快捷的生活环境。

2）广播电视。全村约300多户已经实现"户户通"。竹泉峪村的有线电视入户率达98%，基本每家每户都有有线电视。

（5）燃气。竹泉峪村尚未覆盖天然气管道，仍以瓶装液化石油气作为主要气源，部分家庭还保留着柴火作为能源的生活方式。

（6）环境卫生。垃圾处理，村内设有公共垃圾桶，每天倾倒2～3次，并定时安排垃圾车清理垃圾池。

（7）公共设施及公共服务：

1）行政办公。竹泉村的村委设在竹泉景区附近，新建不久，建设品质良好。同时村委还充当了集"便民服务、旅游服务、文化活动、党员教育、民主管理"为一体的社区服务中心，属于组合布局方式。

图6-18　特色空间

2）文化体育：

a. 现状概况。供村民进行文化活动的地点在村委内，与村委办公在一起。

b. 主要问题。竹泉峪村缺乏独立的文化设施用地，村域内部也没有配套的文化设施。

3）教育：

a. 竹泉峪村村域内没有教育设施存在。与竹泉旅游度假区相邻有一所小学铜井镇鲁庄中心小学，这是一所全新的农村六年制公办小学。学校下辖18个自然村，现有12个教学班，在校学生465名。

b. 主要问题。学校距离远，学生上学不方便。

4）医疗：

a. 现状概况。竹泉峪村有医务室 1 处，现状基础设施较完善，设在竹泉村村委内，建筑面积不大，大概几十平方米，有 2 人轮流值班。

b. 主要问题。人手不足。

（8）社会福利。竹泉村实施基本养老保险制度和基本医疗保险制度，基本养老保险全覆盖，居民基本医疗保险参保率不小于 97％。

（9）政策支持。近年来，结合景区开发建设，积极推进美丽乡村建设。规划建设了青年房 200 户、老年房 80 户，投资 160 万元建设了集"便民为民、旅游服务、文化活动、党员教育、民主管理"为一体的社区服务中心。

充分发挥中心村辐射带动作用，吸引周围 13 个村庄居民不断向中心社区聚集，新规划建设多层楼 40 栋，可容纳住户 1200 户，实现了"群众迁新居、企业建景区、政府兴产业、集体获实惠"的四方共赢。不断推进村级基础设施建设和公共服务设施建设。近年来，投资 50 万元开展了"改厨改厕"、户户通、亮化工程、"环卫一体化"工程，改善和提升了人居环境。

（二）组织管理

1. 运作模式

（1）运作模式。本村采取政府指导、市场运作与村民自主有机结合的整体运作模式。按照"大投入、大力度、大建设、大提升"的要求，政府强化公共资源整合投入，涉及农村路，水、电和治安、社保、医疗、科教、文体等方面的项目资金有机整合，按照"渠道不乱、用途不变、集中投入、捆绑使用、各记其功"原则，集中用于美丽乡村建设。

（2）景村互动。竹泉峪村依托旅游景区，发挥"两区同建"优势，努力推动民俗文化就地商品，先后开发建设沿街商铺 20 万 m^2，发展农家乐餐饮、住宿经营户 50 余家，特色商品经营户 30 家 500 余村民实现了就地转移就业，年人均增收 2 万余元；板栗、李子、煎饼等农特产品就地在特色商品店出售，价格比通过普通途径出售高出一倍还多，实现了就地升值增值；传统纺线、缝鞋垫、编筐、黑陶等民间手艺被带到了景区，吸引了游客驻足，使传统文化得以保护，实现了民俗文化的商品化。村集体通过与景区合作经营、土地租赁、商铺开发等形式，实现年增加经营性收入 40 多万元。

2. 村民自治

（1）村民公约：

1）按照村委会的统一安排，大力开展两个文明建设，时时讲礼貌，处处讲道德。

2）认真学习有关法律、法规，自觉谨纪守法，用法律武器保护自己，勇于同坏人坏事作斗争，做遵纪守法的公民。

3）树立高度的防范意识，落实好安全防范各项措施，增加自防自治能力，克服麻痹思想，切实做到时时防火，日日防盗。

4）家庭和睦，邻里讲团结，大事讲原则，小事讲风格，党团员干部要起模范带头作用。

5）勤劳致富，勤俭持家，走合法经营的路，不做损人利己的事。

6）不私造、窝藏、携带凶器，家中不存放火药、炸药及易燃易爆物品。

7）不搞封建迷信活动，不参与赌博，不观看、传播淫秽录像制品，不吸毒贩毒。

8）履行国家法德、法令。条例规定的权利和义务，决不做违背国家法律的事情。

（2）村民就业。竹泉村以农业为生的村民不是很多，由于风景区占用了村民大部分的耕地，除这部分由政府进行补贴，其余耕地村民多种植瓜果蔬菜供自身所需。一部分村民在风景区内从事保洁工作，另一部分开设农家乐一类的旅游项目。竹泉村村民认为农家乐一类的旅游项目可以增加收入，带来更多的工作机会，但同时也带来了环境污染，生活质量并没有得到很大的改善，反而占用耕地，占用道路，给生活带来了诸多不便。

（3）城乡迁移。竹泉村大多数的村民愿意生活在农村，有一块自留地自给自足，而不愿意搬至新农村社区或其他城市。一方面，现在物价较高，在外花销未必能负担得起；另一方面，乡村的空气清新，生活自在，是他们更会选择的生活方式。

（4）村民需求。竹泉村住房主要是经过政府翻新加盖后的自建房，房屋总体质量较好，村内几乎没有村民有翻新整修的意愿。

但是村民对公共服务设施的满意程度较低。反映问题最大的是竹泉峪缺少小学，有能力的村民会选择铜井镇上的学校。其次村内缺少文化娱乐的地方，尤其是没有供老人儿童公共活动的场所。基于环境风貌，因为竹泉村有风景区旅游景点，村民除了反映风景区占用了自家耕地以外，村里的生活环境还是比较宜人的。

（三）存在问题

竹泉景区近些年发展较好，游客较多，出现了新村与老村之间的交通、环保等一系列问题。首先，景区与村子目前有一条沿河道路分隔，道路较窄，约4m，道路另一侧散布沿街商卖，比较混乱，既影响交通，也影响景观。其次，据村民反映，沿街商卖的摊位，存在暗地争抢，骂人撒泼霸占摊位的现象时有发生，影响了村民间的和谐关系。

在村集体经济方面，集体资产收入较为单一、后劲不足，收入来源主要依靠旅游景区和自家小范围的农业种植，收入不够稳定，对村民普遍关注的村庄环境整治、农村公共服务等问题难以得到及时有效的解决，应当为村民提供更为可靠丰富的收入渠道。

在公共设施与旅游配套业方面，竹泉村旅游景区与乡村居住主体衔接过于紧密，周边针对村民的公共服务设施配套尚未跟上，对当地村民生活造成了困扰，当地的教育设施和医疗设施的等级水平远远不够，不能满足当地的需求。竹泉村的村民普遍反映缺乏公共活动场地，健身场所也比较匮乏，村民闲暇时间聚会、聊天、交流的场所较少。村内景区专门设置有停产场，但村民自己使用的停车场所没有预留，导致车辆乱放，极其影响交通。

（四）规划与设计

1. 发展战略

（1）机遇分析：

1）乡村振兴宏观政策背景助推竹泉峪村的发展。从中央到地方的乡村振兴、全域旅游、新旧动能改革、乡村综合体的建设等政策，为竹泉峪村产业振兴、基础设施配套、民生保障等多方面的深度发展明确了方向，特别是近日出台的《中共中央　国务院关于建立国土空间规划体系并监督实施的若干意见》和《中共中央　国务院关于坚持农业农村优先发展做好"三农"工作的若干意见》等文件精神，自然资源部办公厅发布《关于加强村庄规划促进乡村振兴的通知》（自然资办发〔2019〕35号），都是指导各地做好"多规合一"的实用性村庄规划工作的重要文件。

2）产业振兴有良好的基础和延展的方向。竹泉峪村地理位置优越，县政府新修建的旅游路，更增强了旅游的节点重要性与可进入性。竹泉景区、红石寨、溶洞等资源的互补，为该村的旅游发展增强了全方位的整体性与特色。近期，竹泉峪村与外来企业联合进行乡村原生态民宿的开发与建设，以进一步拓展旅游要素中休闲度假功能。竹泉峪村产业以发展旅游业为主，经过十几年的摸索，村民也积极参与到旅游产业链中寻求发展机会，有人、有资源、有基础，竹泉峪村的产业发展方向感比较强。

（2）发展定位。新的形势下，竹泉峪村未来社会经济发展的方向选择，综合考虑竹泉峪村自然环境、区位条件、资源禀赋、产业基础、历史机遇等因素，确定竹泉峪村未来发展的总体定位：山东省精品乡村旅游示范区和乡村振兴样板、山东省高品质度假休闲及生态、文化体验基地。

规划目标：将竹泉峪村发展成为一个生态舒适、景村共融、永续发展的活力乡村社区。

（3）规划理念：

1）打造高品质的生态环境，保留沂蒙醇厚的乡村生态环境。强调对自然原生状态的保护，而不是大肆改变环境。强调建筑、自然环境和文化氛围相和谐，尽量采用当地材料，生态化设计。控制开发强度，开发容量在生态环境允许范围内。通过对自然环境和村落文化的一手体验，同步实现对参与者的生态教育功能。

2）打造高品质的社区建设，建设沂蒙新活力的乡村社区。社区发展必须以当地村民的发展为前提，以村民的充分参与为基础。在社区更新、社区建设的过程中培育乡村自身的发展能力，促进乡村社区的自我成长，自我完善，自我更新。通过具体的文化活动设计和景观改造行动策划，使村民真正参与到村庄发展过程中，并逐渐形成村民与发展动力之间的互动。

2. 产业发展规划

以村为单位，推动产业融合发展。依托一产，拓展二三产业，三次产业联动发展，培育村庄自身可持续的造血机制。一产：以种植业为主导，做精传统农产品（生姜、芋头），适时发展有机农业，构建农产品配送系统，延长产业链；三产：提升休闲观光农业，积极发展乡村旅游，依托竹泉村的生态景观风貌，积极拓展多层次的休闲度假产品。

（1）完善产业体系。对竹泉峪村现有的产业体系进行延伸，未来竹泉峪村经济产业体系将因此而形成创新完整的业态（图6-19）。

1）以一二三次产业融合发展而形成的以新型乡村服务业为主体的现代田园综合体。

2）以竹泉景区为主导，红石寨及溶洞相结合的观光旅游体验。

3）现代家庭农场精品农业体验（采摘、种植、品尝、制作）、创意农业为主的绿色农业体验。

4）以山水相结合（步道＋小景观＋绿地空间）野外拓展、生态教育形成的户外休闲体验。

5）以特色民宿、集中式交流场所会议、娱乐中心为主要形式的休闲度假体验。

（2）具体措施：

1）以生姜、芋头种植为基础，不断拓展农业产业新功能。建立农业观光园，发展体验性农业，发挥其科技示范、农业观光、种植、采摘等功能。生姜、

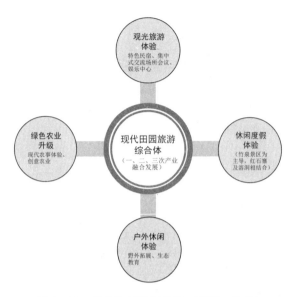

图 6-19 产业体系规划示意（董凯 绘制）

芋头等作物采取合作社方式，带动村民种植芋头，保障农民的销售渠道，给群众带来可观收益（图 6-20）。

2）开发小型精品化乡村手工艺商品、食品制作、销售活动。手工艺品和食品的生产制作过程应作为乡村生活的一部分，既满足其日常生活需求和功能，又同时自然而然成为独具地方特色的产品之一。

3）依托村域北侧山峪良好的生态优势，发展特色民宿等多种住宿形式（图 6-21），实现多元化综合发展，配套小型会议，运动康乐、咖啡茶饮等一些休闲娱乐和交流空间，激发社区活力。

4）拓展山水生态环境参与性项目，开展山林户外体验活动，开辟森林旅游步行线路，开发户外体验产品，如自然探秘、野餐、露营、搜集标本等。

图 6-20 生姜集中式储存、销售

图 6-21　竹泉民宿

3. 空间布局优化

（1）布局优化，环境治理。通过空间规划重新定义乡村振兴战略下的区域发展格局，是实现城乡空间有效融合，营造生产、生活、生态融合空间的重要技术路径。

竹泉峪村地域特色鲜明，规划立足区域生态、山水、土地等资源优势，以产业聚集、产居聚集的原则明确城乡融合空间结构，总体上分为南北两个片区，整体为"一带两核多组团"的村域发展空间格局（图6-22）。一带：南北沿河联系发展带；两核：南侧竹泉新村综合服务核心、北侧桃峪综合服务核心；多组团：竹泉旅游度假区、山地生态区、康养度假区、多个居住组团。

（2）乡土特色保护与文化传承。规划顺应竹泉峪村整体的山水关系，充分保护与利用现有自然资源，北部借山势，展现山、林、村、水整体的村庄风貌，打造延山峪分布的乡村居住聚落。南部强化竹泉古村与新村的呼应关系，以河为界，以竹为主要景观绿化品种，打造村在竹间，水绕竹林的风貌特色。尊重现有农田，沿河建设滨水绿色廊道和生态驳岸，满足游客度假休闲和农事体验的需求，实现吃农家饭，享农家情。水系贯穿联通南北两部分，整理河道，疏通河道，特别是北侧桃峪村中的河道水系，丰富水景观。村庄绿化以乡土树种为主，南部以竹林为主，北部以国槐、板栗等树种为主。

（3）乡土民居的导引。通过对竹泉峪村村民的入户走访以及对每户建筑的排查调研，我们对村内现状建筑进行了质量和风貌的评价。规划下一步将从建筑形制、空间、使用功能、屋顶形式、窗户形式、山墙、建筑色彩、铺装等多方面展开具体的导引措施。

4. 基础设施、公共服务设施配置

（1）公共服务设施规划。尊重村民意愿，完善设施配套。规划充分考虑人口老龄化和空心化的特点，尊重村民意愿和偏好，以适度集中为原则，重点完善老年活动室和健身点的设施重建，提升村委会内相关设施的服务质量。

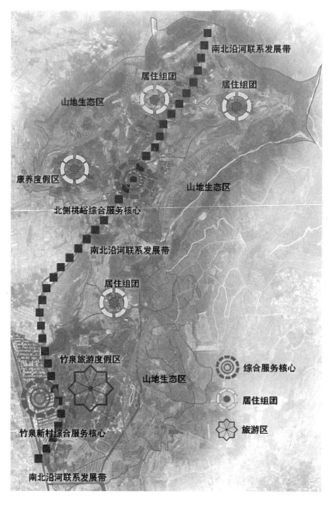

图 6-22　空间结构图（董凯　绘制）

　　南北两处公共服务设施核心点：一处是南侧竹泉新村（图 6-23）；另一处在桃峪（图 6-24）。

　　配备内容包括：

　　1）行政管理类（村委会、警务室、旅游服务中心）。

　　2）教育设施（幼儿园）。

　　3）医疗卫生设施（卫生站、计生站）。医疗卫生设施具有双重服务属性，要同时满足乡村医疗卫生设施配置标准和旅游区医疗卫生设施配置标准。建立紧急救援机制，医务设施可与村庄医务设施共用，提供全天候医疗服务。

　　4）文体设施（文体活动设施、老年活动设施、儿童活动设施、图书馆、户

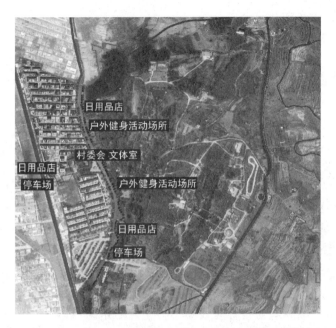

图 6-23 南片区竹泉新村公共服务设施（董凯 绘制）

图 6-24 北片区桃峪公共服务设施（董凯 绘制）

外健身活动场所、广场、小游园）；旅游服务设施中的文化设施包括展览馆、纪念馆、博物馆等，与旅游项目相关。竹泉新村内两者设施可统一升级配置打造乡村文化中心、乡村记忆馆等。

5）社会保障设施（养老服务站）。应进一步完善老年生活服务设施体系，为老年人提供各种文化休闲、生活娱乐、医疗保健、老年教育等各类服务设施，包括老年活动中心、公共大食堂。

6）交通服务设施（公交站点、公共停车场、旅游专线）。

7）购物设施（日用品店、便利店，餐饮店等）。

8）接待服务设施（民宿、宾馆等）。

（2）基础设施规划：

第一，加强对外联系，完善村内路网。在上面规划的基础上，优化区域道路走向，加强与周边区域的交通联系。同时，村内道路布局与村庄原有格局相耦合，提升村内道路的连通性，方便村民出行。延续路面的扩宽改造，超过 3m 的乡村道路都要硬化。桃峪的沿河主干道需要拓宽至 5～6m，组团聚落内的道路约 3m，需要硬化。竹泉新村与景区之间的道路需要改造拓宽至 6～7m，同时整治路边摊位的随意摆放，对沿路商卖设施统一做规划治理，留出绿化空间，以保证景观的营造。

第二，做到家家用上自来水，改善水质，利用储水堡进行水量储存，满足消防用水需求。加大农业水利的灌溉技术管理。

第三，建立农村有机废弃物收集、转化、利用网络体系，推进农林产品加工剩余物资源化利用，深入实施秸秆禁烧制度和综合利用，争取将畜禽粪污综合利用率达到 80% 以上，规模养殖场粪污处理设施装备配套率达到 100%。结合改厕使用一体化污水处理设备、村庄沟渠坑塘整治、氧化塘净化、人工湿地生物降解等，因地制宜处理生活污水。

第四，供暖工程规划，村内住宅采用分户采暖方式，工程改造增强保温隔热功能，鼓励使用吊炕、电暖地板、太阳能等节能设施。

（五）案例总结

景村融合理念是把美丽乡村建设与旅游景区建设融为一体，是以旅游景区建设带动乡村发展，实现乡村景区化与景点化，从而达到乡村与景区融合协调发展的目的。在推进乡村振兴过程中，要注重乡村环境的建设，包括自然环境与人文环境，同时需要保留乡村风貌，合理做好规划，实现景区与乡村共同发展。

（1）确保景村融合发展规划的统一性。强化乡村总体功能定位，明确乡村旅游发展定位与目标，推动景村互动发展。在景村融合发展过程中，要做到景区与乡村发展有机融合，为景村共同发展打好基础，有力有序建设宜居宜业的美丽乡村。景区与乡村作为综合性的系统，需要站在统一规划的角度，景区发展也要兼顾到周边乡村的实际需求，周边乡村发展应与景区外在发展规划相协调，优化村庄空间布局，界定生活、生产和生态等发展边界，实现景村一体化发展。充分考虑生态环境保护，协调好各利益主体，使得村民、企业和政府利益都得到平衡，在满足各方利益诉求的同时，助推可持续性发展。

（2）推动景村特色产业的融合发展。景区与周边乡村的特色产业应在避免雷同的前提下打造景村特色产业品牌，还要积极依托乡村特色优势资源，打造农业全产业链，让农民更多分享产业增值效益，特别是一些有别于景区的体验性产业、配套性产业，以此实现景区与乡村的对接发展，助力乡村振兴。

（3）增强景村发展的内生动力。提高农村的内在发展意识，激发农民的积极性与主动性，参与到景村融合发展的具体行动中。完善景区与乡村的公共服务设施，满足村民、游客的生活与休闲需求，达到主客共享公共服务设施的目的。积极改善农村的公共服务设施，实现农村内部的良性循环，从而推动各项事业的发展。

三、文化创意赋能的乡村

文化属于乡村发展的精神财富，为乡村振兴提供精神动力与智力支持。文化与政治经济相辅相成并反作用于经济与政治的发展。文化振兴是乡村振兴的灵魂与根基，文化创意可以通过人才、艺术、创意和技术等资源的介入，推动乡村产业振兴、生态振兴以及人才振兴，推动城乡融合，实现共同富裕。文化创意产业依靠人的智慧、技能和天赋，借助高科技对文化资源进行创造与提升，通过开发与运用，产出高附加值产品，具有创造财富、扩大就业的优势。

文化和旅游部等六部门印发了《关于推动文化产业赋能乡村振兴的意见》，指出文化产业赋能乡村振兴的重点领域包括创意设计、演出产业、音乐产业、美术产业、手工艺、数字文化、其他文化产业和文旅融合等八个方面，旨在突出区域优势，充分挖掘乡村文化资源，找准发展定位，创新文化特色项目，加强创新创意设计，将特色文化转化为乡村品牌优势，使文化产业有效赋能乡村振兴，实现文化铸魂、文化兴业。

下面将以"济南市长清区满井峪村"为例，展示文化创意在该村规划与设计过程中的引导与实践。

（一）基本概况

满井峪村位于双泉镇驻地西北约 3km 处，与陈沟湾村隔付燕路相望，组成双泉镇的西大门，隶属于北付管理区，耕地 1300 余亩，林地 2800 余亩，人口 1313人。清道光十三年（1833 年）修《长清县志·地舆志》载：南仓·马南保·蔓菁峪；民国二十三年（1934 年）修《长清县志·地舆志》载：汉卢区·马南里·蔓菁峪。据传该村建于明朝初年，蔓菁并非现代人们常用于做咸菜的蔓菁，而是像荆条一样的一种植物，因满井峪村东西南三面环山，北面为河，山体为石头，常年冲刷成多条大沟形似蔓菁，因村处形似蔓菁的山峪中，故以地形命名蔓菁峪，后因村内的天然石井在涝时井水自溢，旱时水可见底，群众饮水非常困难，故以村所处地势和盼望井水永远自溢，而更名满井峪至今。抗战时期为保护村内八路军和掩护党组织曾将刻有"黄草湾"名字的石碑立于村口，短时期内被称为黄草湾。抗战时期满井峪村是有名的八路村，最多时有 30 余名村民同期加入八路军，另在石小子寨山顶有军民共同抗击土匪的石门、石房子等红色遗迹。

1. 交通区位

满井峪村位于济南市西南端，济广高速和济南都市圈环线高速直线距离满井峪村 4.2km。该村距山东省境内主要交通枢纽（机场高铁站）车程在 3.5h 以内，交通便利，距济南站车程约 1h，距泰安站车程约 2h，与泰山景区相接，交通区位较为优越。

2. 行政区划

满井峪村隶属于长清区，是该区域内的一个行政村。长清区是济南市下辖的一个县级市，下辖 6 个镇、4 个街道和 56 个行政村，总面积约为 1584km^2，是济南市的重要组成部分。满井峪村位于长清区双泉镇驻地西北 3km 处，牛头山北脚下。村子总人口 1313 人，集体土地总面积 7245 亩。

3. 资源现状

满井峪村地处山脉之间，地形起伏变化丰富景观资源丰高。村庄的自然环境和文化资源较为丰富，村内的满井泉水常溢出井口，雨水连天季节，水从泉口喷出，水柱似济南趵突泉一般汩汩外涌，似盛开的水莲花，洁净透明，涌出的泉水汇成溪流，沿着满井峪村中的小河顺流而下，曲曲折折，东奔约五华里，方汇入宾谷河，随宾谷河水浩浩荡荡奔流四十余里溶入黄河之中。

南部山顶上具有红色性质的石小子寨，是旧时抗战基地，于青石为主的陡山峻岭间，这片少有的平坦山顶，是当今汽车露营的极佳选择地。村内现有一棵千年古槐，在周边乡镇有着不少的影响力，吸引了很多人前来求愿。村中多柏树，聚集成片自有一番风景（图 6-25 和图 6-26）。

打花棍，是一种民间体育活动，参加者多为女性。过去是姑娘挑选情郎的一种方式，现在发展成为一种娱乐健身活动。满井峪村的打花棍作为迎春会演节目，曾在镇区获得多次奖励，目前村内仍有演艺传承人。

满井峪村地处长清区双泉镇，有马山蛮桃、张星玉杏、长清茶、双泉蛮兽，双泉豆腐皮、黑小米、蜂蜜等特产，另有黑猪肉、散养鸡等绿色生态养殖产品。

图 6－25　满井泉与石小子寨

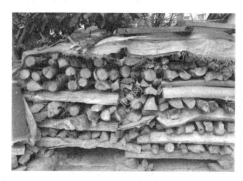

图 6－26　民俗手艺之垛柴堆与民艺衍生玉米垛

4. 发展现状

满井峪村知名度比较小众，但通过多元化的自媒体渠道，逐步引起社会各界的关注。满井峪村还没有进行系列化的规划与设计。沿河道两侧的老村保留比较完整的街巷肌理，部分老年人仍居住在老村，新村在老村北侧地势高处逐步建设完成，各项基础设施逐步完善。

（二）赋能路径

1. 文旅赋能

国家层面推出 2022 年 2 月出台《关于做好 2022 年全面推进乡村振兴重点工作的战略》明确提出，"实时乡村休闲旅游提升计划"景区化村庄成为助力实施乡村振兴战略的有力抓手和重要途径。济南市构建"大泰山旅游区"，推动万德、张夏、五峰山、马山、双泉，争创国家全域旅游示范区，满足差异化旅游需求。长清区推出 3410 乡村旅游工程，着力打造赏花采摘、美食休闲、民宿度假为主的三大旅游产品体系，大力打造乡村旅游节庆品牌；完善提升以杏花村、樱桃谷、油菜花、长清茶为主题的四大乡村旅游休闲区；做好组织保障、规划引领、道路通达、旅游导视、产业指导、文化提升、业态融合、市场监管、生态保护、品牌打造等乡村旅游 10 大保障措施。这些措施都为满井峪村的定位与发展奠定了政策基础。

2. 艺术赋能

在奔向美好生活的时代，需要用新的思维模式来发展乡村产业。许多乡村目前存在着发展同质化的问题，如何避免千村一面、风貌同质化，通过艺术这一桥梁，让乡村文化迸发出新的活力，通过艺术表现，唤起村民的自豪感，也让游客体味到乡土文化的魅力。艺术如何更好激发广大群众的内生动力？不同艺术形态与乡村产业如何有机融合？这些问题的解答需要根据实地情况，在突出地域性、创新性的基础上，结合艺术特点、群众需求、发展要求，实现文化、社会、经济等多元融合，从而让乡村更美，为乡村赋能。

（三）规划与设计

1. 发展策略

为适应乡村振兴战略的相关要求，深入贯彻落实 2023 年中央一号文件提出的发展方向。确立"涵养生态乡土重塑、重拾乡风文脉延续，产业振兴激发活力"的规划理念。在保护蔓菁古村原有特色风貌风俗的前提下，梳理泉水、河道、山体、农田景观，以"蔓菁泉文化"为主题，串联其他文化因子，因地制宜的植入艺术因素，把满井峪村打造成可赏、可玩、可憩的农旅空间。

策略一：梳理山体及泉道水系，凸显"山泉辉映"蔓菁主体特色

通过前期调研分析发现，村庄泉水及山体景观体系处于待开发梳理阶段，满井泉仅泉眼位置有少量铺装建设，泉道中下游尚处于无序状态、现有淤泥堆积、村民生活垃圾堆放等问题，需进一步疏导处理，保证泉水体系清晰面貌，打造水从山中来、清泉石上流的愿景，山体尚存红色文化遗址石小子寨一处、存有广阔空间，需对山体景观节点进行梳理，打造山青泉秀的面貌。

策略二：周边农田景观梳理，构建满井门面形象（入口景观梳理）

对满井峪村庄入口农林景观进行梳理，田间河道苗木清理，打开视线、统一规划种植，形成农田大地景观，入口处打造满井初印象、植入村庄文化形象（村标、村徽、村风、村约）、梳理农田闲置绿地、植入步行道，打造游客可进入体验的微田园。通过农林业＋艺术融入的手法，合理规划绿色转型，培育绿色有机农林业、大地景观农业、休闲林业，实现农林业提质，农旅产业融合，形成蔓菁农林业绿色发展转型示范区。

策略三：增加特色节点，以点串线、形成主题性、连续性的游憩空间

通过村庄主干道串联主题村庄、广场、山体等节点，结合现状基础策划丰富的游憩活动，增强绿道的趣味性、带动周边村庄发展、沿线增加民、民宿和休息点等服务设施。

策略四：挖掘村庄及周边特色文化、景观因子，融入村庄农旅艺术建设

结合景观设计，将无形的文化空间形象化（泉文化、蔓菁文化）。

结合旅游，策划文化性的主题活动（我听爷爷讲党史、红色村史馆）。

2. 总体定位

满井峪村依托满井古泉、石小子山文化遗址以及农林业生态资源优势，充分发挥交通区位与文化区位优势，响应国家乡村振兴的政策，在农旅融合的背景下，总体定位如下：

（1）形象定位：山泉辉映。满井峪村依山傍泉的良好地理区位优势，使得它拥有发展成为乡村特色农旅区的潜能，通过充分开发设计、合理规划山体及泉水资源，打造成山泉辉映的特色农旅区。

（2）功能定位：济南市艺术乡建示范村（艺术介入乡村建设、艺术助力乡村振兴）。通过艺术融入村庄、村庄生长艺术的方式来助力满井峪村的文化建设，采取因地制宜、生态优先的原则、打造满井特色艺术区。

长清区农旅融合特色村（农业＋旅游）。充分利用满井峪村农林业资源，结合现今农旅融合特色发展道路，以第一产业为基础，带动发展二三产业。

3. 功能分区

满井峪村的功能划分定位是在原有的区域划分基础上，整合资源与三生三产所需，对村子进行新的功能分区，具体体现为六大功能区：入口展示区、民俗体验区、探泉体验区、主题民宿区、设施服务区和新建居住区（图6-27）。

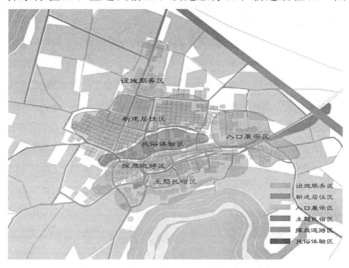

图6-27　功能分区图（黄文君　绘制）

入口展示区为游客主入口，河道和大地艺术风光体现满井峪村特色文化。民俗体验区最大程度保留砖墙建筑风格，建设村史馆、农耕文化体验中心等功能，展示乡村文化特色，彰显独特满井韵味。

探泉体验区以水系走向为展示游览路线，迎泉—寻泉—乐泉—品泉—听泉几大节点更好地顺应本村特色，展示满井泉文化，完成自然观光和生态感受等诸多价值要素。

主题民宿区主要为山脚特色山林蔓菁主题民宿，不仅能够进行居住，还能完成会议、聚会、派对等不同活动，满足不同人群的需求。依托乡村无线基站的建设，可进行"卫星办公"，新功能的植入能够使民宿四季常青，解决旅游淡季闲置问题。增加满井峪村的价值体现。

设施服务区主要服务于新村居民日常生活，建设日常生活环境所需配套设施。新建居住区主要为已建成居住区，以保留为主，小范围新功能植入。

4. 公共空间设计

在公共空间设计方面，依据游览路线，打造几处重要节点，形成"一轴五节点"的空间序列：一轴指以河道水系为主的游览轴线；五节点（迎泉—寻泉—乐泉—品泉—听泉）则是在轴线上不同的景观节点串联整个探泉体验路线（图6-28）。沿河道的游览轴线打造成寻泉漫步栈道是沿水系设立漫步栈道，能加强游客沿水系探泉听泉的体验感，积极融入本村特点，彰显满井文化。

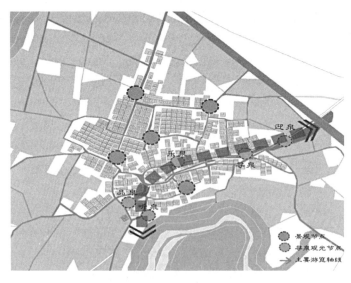

图6-28 节点分析图（黄文君 绘制）

5. 主要节点策划设计

（1）村口主题雕塑。村口标志取篆书字体的神韵，篆书因形立意、古拙典雅、曲笔弧线符合古老村落的文化象征。融入了水的符号与篆书的曲线完美结合，将"满井峪"三个字进行设计，更加直接简单而有力地进行村入口的识别和引导（图6-29）。

图6-29 入口设计（吕顺利 绘制）

（2）迎客喊泉。入口处的水塘进行绿化、美化设计，并在中心设置声控喷泉，通过游客呐喊，喷泉喷的水柱高低，进行互动，趣味十足。周围设置木栈道，营造出朴实自然、亲切细腻、优雅舒适的环境氛围（图6-30）。

图6-30 迎客泉设计（黄文君 绘制）

（3）水上活动。面向少年儿童和家庭游客，提供休闲、娱乐、亲子体验。如踩水、打水仗、水上蹦床、水上运动，既有玩水的快乐，也可以释放压力，景观与活动的参与，吸引人们乐水、戏水，与水建立亲切感，为下一步寻泉奠定基础。

（4）满福水灯节。融合水资源和村内大槐树祈福的文化特征，在特定的节日策划一场节日活动——满福水灯节，在晚上可以带上家人、朋友和情侣进行放灯祈福，可以体验到满满的仪式感。

（5）蔓菁农田。在水域的对面打造"大地艺术"的农田景观，该场地的设计旨在让人们能在广袤的农田中体会到田园魅力，并在之中加入农耕研学活动，可以让周边的学生可以到这里进行学习，体验农耕劳作，到乡野感受返璞归真的活动。

（6）大地艺术。用艺术唤醒乡土，用艺术与设计的方法，重塑乡村，保护文化的多样性，提高乡村的生活水平；以艺术与设计为媒介驱动乡村的产业升级、环境进步与文化丰富。利用高架桥的高度，可以与高架桥上过往车辆形成互动，使视线透过高架桥，让大地艺术成片展现，吸引更多关注（图6-31）。

图6-31 大地艺术（吕顺利 绘制）

（7）乐泉集市。这是觅农策划项目之一。除了寻常市集逛摊位外，还可以设置既适合小朋友也合适大朋友的沉浸式体验的活动与表演，比如打花棍。还有很多环节发展村子的特色，品美食、做泉水和槐树文化的文创产品进行村子文化品牌的宣传（图6-32）。

（8）蔓菁闲舍。游憩休闲的公共场所，重视场景、特色化服务以及与游客的互动，逐步向游客体验中心的方向转变。对游客服务中心进行设计时，其作为游客与目的地联系的"第一印象区"，既要满足基础的服务与管理需求，也要从外在形象上建立起独特的文化识别特征，并通过合理的功能配置与软件服务，帮助景区与游客之间建立起和谐而紧密的沟通关系，传递有价值的文化和理念。

（9）满井农坊。将满井峪村中现有优势作物产物蜂蜜、豆腐皮、黑小米、酸枣、核桃等绿色生态养殖产品，进行展示和销售。

（10）满井民俗文化展示厅。展现满井峪的民俗文化、农作物品、等特色进

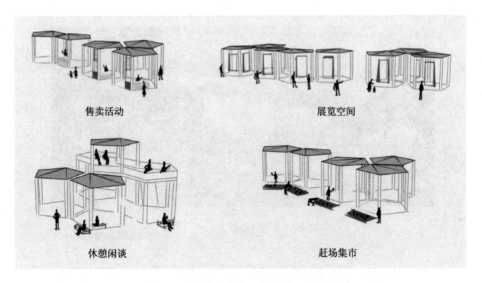

售卖活动　　　　　　　　　　展览空间

休憩闲谈　　　　　　　　　　赶场集市

图 6-32　乐泉集市（苏雨嘉　绘制）

行展示。

（11）村史馆是记录村史沿革、村落文化、民俗风情的重要载体，对传承村镇记忆、村民的德育有着重要作用。以村历史文化特色为背景，对场馆主题进行设计。编修村史大事记、图文资料、实物展陈、荣誉展示和视频影像等方面内容，并将重点放在村庄历史沿革、经济发展、先进典型、村容村貌、文化生活、民俗风情的展示上。搜集村中代表性物件实物、资料、图片等，以复古风格为主，结合现代化技术，丰富展厅的内容和形式。

（12）幸福院。以"就近养老、统一管理、互帮互助"的养老服务模式，为村里的留守老人们开启了养老新模式，实现在他们在自己熟悉的环境里生活，既解决了老人们的故土难离情结，又为老年人养老提供了基本保障。

（13）蔓菁艺术区（物质依托和空间承载）。镇政府与基金会共同策划和构建，围绕"艺术与乡村"复合关系打造的文化艺术创意平台。通过展览、驻地创作、工作坊等，形成理论高度、构建艺术与乡村的生态关系，提升乡村文化竞争力，是艺术师与村民互动的公共场所，也是村民接受艺术熏陶的阵地。每年的丰收节举办乡村文化活动日，可以发布相关项目，举办包括"艺术家与乡村的故事"等一系列展览。

（14）福满地。各个道路交叉口的位置，人流动线密集，不适合放置较大的物品。可以在途经的路面上进行美化和艺术处理，铺设的路面上转化为图像的表达，给人一种路面叙事的延续。如跳房子、走迷宫，强调在行走过程中的趣味性（图 6-33）。

路面上进行丰富，艺术处理　　加入道路导向指示牌

图 6-33　福满地地面设计（苏雨嘉　绘制）

（15）槐荫满福。千年槐树是满井峪的特征，"槐"与"怀"谐音，槐树也成为人们怀念故乡的树。"千年松，万年柏，不如老槐歇一歇""门前一颗槐，财源滚滚来"等俗语，表现槐树的生生不息和独特价值。古槐历史悠久，据传对着古槐许愿多能美梦成真，所以在周边地区存在不小的影响力，有不少民众慕名前来烧香求愿。可以每年举办祈福活动，展现"根族文化"的魅力。

（16）听泉水吧。因地制宜利用泉边的废旧房屋打造一个休闲水吧，与所处的环境有机结合，即为环境增色，又符合设计特点。感受当地村子满井泉的自然景色，以供游客游走疲累之际歇脚饮茶，也可提供各类休闲简餐、满井特色小食等。

（17）鉴泉广场。林中，泉边，布一茶桌，陈列茶果，自在品茗；苍松下，秋枫间，且与好友弈棋。在这个阶梯式的场地上进行适应性再运用，改造成为公共共享休闲的场所，区域内可以品茶、下棋等休闲活动。

（18）满井泉。文创产品设计，展开 IP 文化价值挖掘。将文化价值赋予雪糕、扇子等载体，延伸创意点，如满井泉、千年槐树，做到形象上的延展。其一可以带动景区的经济发展，兼具实用性和趣味性的产品能极大地满足游客的消费需求，扩大景区的品牌影响力；其二可以将群众的目光聚焦在村子文化特点上，成为凝聚文化价值和感情的产物。文创产品的内核是文与创，即文化和创意：构成独具一格的村子艺术品（图 6-34）。

（19）泉水涧民宿。在满井泉的东侧，进行老房子的改造过程，要在满足新的使用需要和美学诉求的基础上尽量保持原建筑的历史形态和建筑韵味，保留当地的青石砖和当地的民俗文化特征，运用到民宿中。一是提供深度的文化体

图6-34 泉文创设计（吕顺利 绘制）

验；二是提供日常化、生活化的幸福感。

（20）山间露营。青石为主的陡山峻岭间却有平坦的山顶，是露营的极佳选择。每月可以打造不同的主题，汽车露营、亲子露营、音乐节、丰收、电影等主题。

（21）山路漫径。在现有的登山路径的基础上，对登山路径进行优化设计，了解不同的环境因子，规划线路，增加趣味性，形成漫道系统。

6. 策划活动

（1）农耕。农耕休闲游，一种以体验农村耕作生活的旅游形式，不仅让游客们过足田园生活的瘾，同时还可以让参加劳动的孩子们和未曾见识过农业劳作的都市居民增长农业知识。

（2）泉水节。满井峪村也可以在满井泉水势喷涌的丰水时节举办一年一度的泉水节，泉涌大地，丰泽四方。泉迎八方来客，共赏满井美景。不同行业协会共同组织多元化"研究项目"，如泉水文化、祈福文化。

（3）槐树祈福。祈福满井，心诚有灵。祈福文化始终贯穿了人们对幸福生活的追求，一个"福"字，道尽了几千年来世界人们的美好的祈愿。围绕古槐和满井泉打造祈福文化，古槐本就有一定的名气，在此基础上宣传"神树""灵泉"的神妙，可以日常祈福，也可以设计固定每月一次的祈福日。

（4）研学。乡村多有城市孩童大人未曾亲眼见过只在书本认知的传统手艺或耕作农忙知识，包括像烧柴取火、玉米堆垛、春耕秋收等各类农家习以为常而城市中未有接触的知识或技巧，都可从"育人"的高度，充分挖掘和展示乡村所蕴含的经济价值、政治价值、社会价值、文化价值和生态价值，促进研学旅行与乡村在经济、生态、文化、治理等方面深度融合。

（5）蔓菁艺术节肖像墙绘（满井峪印象）。以村中的人物形象为主题，整个村子便是露天艺术馆，选择墙绘题材是具有在地性的。更好地关注农村、关注农民、关注农业。

（6）蔓菁民艺大集。艺术、民俗与乡村生活深度融合的全新方式，可以是长清区或济南市的传统手艺人现场展示作品。可以定期举办，每期邀请有代表性的民间手艺人和民艺新人共同参加，打造靓丽名片。最初可以是日常器物、生产工具，常见普通实用与工艺之美融汇于一起的表现形式。民艺打花棍、垛柴堆、玉米堆都是可以产生艺术性的生动空间，利用当地的传统生活方式，构筑艺术的有机关系。

7. 服务设施规划设计

结合村庄布局，盘活闲置集体建设用地，有利于长效管理，激活多元功能。设置内容如下：

（1）游客服务中心。在规划基地中区建设整个景区的游客服务中心，主要功能为旅游信息咨询服务与接待、旅游团体接待、旅游商品销售、旅游投诉与管理等。

（2）驿站和停靠点。管理服务（管理办公室、游客服务中心等）；配套商业（餐饮、特产售卖、自行车租赁等）；休闲游憩（健身、休息等）；环卫设施（卫生间、垃圾箱等）；交通设施（换乘、停车等）。

8. 乡村界面整治规划和沿线引导

界面整治措施，重点整治沿泉路线的建筑更新和内部环境的整治工作。

（1）建筑立面采用浮雕壁画墙绘的形式，村子历史文化为内容进行更新，对沿线房屋建筑进行立面整治和粉刷出新。

（2）对于慢行道两侧危房建筑等，进行拆除。将空间进行重新的规划与设计。

（3）河道泉道垃圾进行治理，使泉道与河道更加通畅，为即将打造的旅游观赏区做好准备。

（4）玉米垛、柴火垛等的位置进行规划，将玉米垛或柴火垛为居民所用的同时，给乡村增添一份艺术的气息。

（5）增加环境卫生设施，保持村庄整体环境整洁。

（6）注意合理安排公共设施与广场的位置。

9. 标识系统

（1）全景导览。主要内容有该村落的全部介绍文字及游览路线图，并明确标识出所处地点、方位、主要景点、服务点等信息。导览图牌能够让游客第一时间在脑海中存下景区的全貌。并标明当前所处的位置，能让游客知道当前地点（突出主要节点，简约型设计）。

（2）景点牌示。需要展示说明景点的，名称、内容、信息，并标注景点相关信息（表6-1）。

表6-1　　　　　　　　　　景点标识位置及信息

序号	景点标识位置及信息
1	蔓菁入口处入境（"满""井""泉"字符号抽象简约化、蔓菁植物符号）
2	生态停车场（车、景观植物等）
3	会泉（寓净）（吸水、祈福、观赏）
4	漫径田野（农作物耕种农作物艺术图案、小麦、玉米、棉花、收获、农具等）
5	乐泉市集（市景）民俗文化、特色产品
6	游客服务中心（信息咨询、集散、餐饮、休憩、文创）
7	蔓菁艺术区（艺术院校标识、民艺、艺术家、文创产品）
8	福满地（路标、休憩）
9	满井古槐（祈福文化）
10	听泉水吧（品净）（茶、休闲、交流）
11	鉴泉广场（化境）（休闲、交流）
12	满井泉（泉文化、历史沿革）
13	泉水涧（置境）（民宿、传统院落民居）
14	漫径山野（石小子寨、山顶露营）

（3）指路牌示。指示牌是引导游客正确到达景点游览的重要导示牌（图6-35）。

图6-35　导示系统设计（吕顺利　绘制）

（4）警示牌示。在规划区内重要节点位置，尤其在本景区水域面积较大的地方，在水边，要以游览须知形式设立多处安全、警告牌示，要用善意的提醒语言，少用禁止、违者罚款等对立性语言，告知游客各种安全注意事项和禁止各种不良行为。

（5）服务牌示。服务型的功能性标识牌是乡村不可或缺的配套设施，可以分为：停车场标识、卫生间门牌、旅游咨询等信息。

10. 农田及生态景观规划

（1）水景系统。水景观是自然景观与人文景观的复合体，其构建要与周围环境相协调，不仅要满足观赏性，更要满足生态功能的要求，传承当地文化功能，在某一定程度上改善乡村居民生活环境，打造"宜居、宜业、宜游"的社会主义新农村。

1）梳理乡村水系。在农村建设过程中，由于缺少村庄整体规划以及必要的管理措施，许多河道、沟塘被填没，导致河流功能退化或丧失，河流景观严重受损。在进行水景观构建前，首先要梳理河流水系，联通河流、沟塘，使水流动起来，增强河流防洪、排涝、自净等能力，美化河流景观。

2）整合乡村水景观。水景观分为自然水景观和人工水景观两类，在构建水景观前首先要梳理这两类景观，并进行整合，且不影响河流基本使用功能和河流生态功能，构建时宜选用乡土树种构建植物群落，美化河流景观，净化水质。

3）传承乡村特色水文化。水景观作为水文化的依托和载体，不同时期、不同观念的水文化，反映出不同的景观特色，乡村的水系及所传承的特色水文化，则更显珍贵。尊重当地文化内涵，构建或修复水景观，提高文化底蕴，为居民提供安全、舒适的亲水环境已成为美丽乡村建设所追求的目标。

4）打造重要景观节点。结合河流自然条件、人文条件和现状条件等，打造沿河景观节点，突显水特色。亲水平台以及滨河广场等人们休闲、娱乐和经常活动的场所，可以作为主要沿河景观节点打造的重点；应充分结合其周边环境，运用艺术的手段，使其成为美丽乡村建设中的一景。

5）加强河道管理。"三分建，七分管"，水景观应工程措施和非工程措施并重，并以管理为主。根据居民日常行为习惯等，对水景观进行管理，科学引导人们的行为。

（2）建筑景观系统。在进行规划基础时，应保护传统原有乡村农业经济和文脉特色，避免乡村建设的混乱。应延续村子青石砌造的建筑特色济南西部的风格，还有带"石雨棚"的格子窗。

建筑的高度应与周边环境相协调：

1）视觉感受向动态体验升级。乡村景观升级绝不仅仅是指景观的视觉化升级，乡村景观升级后不应该只是一块画布，而更应该是一个展示乡村整体环境魅力的舞台，成为满足游客休闲体验的一方热土。

2）文化模糊向延续文脉。乡村景观是生活在乡村地区的人们在土地上建造房屋、耕种土地、生存繁衍而形成的。乡村旅游景观的升级，应注重反映乡村景观体现的场所历史、延续场所文脉，这样才能展现乡村景观的独特性。

（3）植物景观系统：

1）农田的艺术构图设计。需要通过艺术构图，在二维平面内根据地形特征构成具有审美特征的图案式农田艺术景观。

2）田缘线、天际线设计。充分利用原有立地条件或根据功能需求进行适当改造的前提下，合理利用植物塑造富有韵律感的和高低错落的田冠线，从而在远景空间中形成富于变化的天际线。

3）季相景观设计。基本色调可以结合当季色彩为主，设计时根据植物生长的特点，宏观考虑植物的构图，重点突出某个季节的特色，形成鲜明的景观效果。对乡村中原有的树木，进行抽稀、移栽、补种等方式进行改造，路两道可以引进气候适应性强，品种优良，满足种植的原则。停车场采用透水砖，满足生态景观。改善滨水公共空间，在水域的两边种植水生植物，构成丰富的景观效果。

（4）灯光景观系统。好的乡村夜景产品要做到"有得玩，停下来，住一晚，可以晒"，需要灯光设计让游客产生共鸣。

1）灯光布景。以村落的本土文化元素，提升灯光手法，同时实施夜景亮光，打造会讲故事的田园夜景，打动人心。利用夜间光线、安静环境的特点，抓住夜间休闲娱乐的心里，设计体验组合留下记忆点，凸显主题。

2）产品赋能。乡村自有特色，可以结合科技、创意、艺术等手段营造丰富的夜景灯光（主打文创的蔓塘里的灯光秀），将古建筑、老街、农家等丰富的乡村元素，通过光影艺术等充分表达，比如夜晚的槐树、满井泉。可以利用村子的"高低起伏"打造"大地之光"，比如村子的山路，可以通过点、线、面的变化，将乡村的独特人文、地貌、景观呈现给游客。

3）功能作用。作延伸，灯光应该作为建筑与景观的延伸，起到烘托氛围，增加观赏性的作用；做引导，乡村公共空间的灯光设计，还起到引导和分区的作用，为乡村的夜间经营和游览活动增加指引和提示；造氛围，单纯的灯光，仅仅是为了点亮夜晚、烘托氛围，但在灯光设计中加入互动性元素，增加不少趣味性。

（四）案例总结

文创产业在我国经济发展中的创新动能及辐射范围越来越得到社会各界的

重视。2022 年 4 月，农业农村部、国家乡村振兴局等六部门联合印发《关于推动文化产业赋能乡村振兴的意见》，意见指出要在创意设计、文旅融合等八个重点领域发力，以此充分发挥文化赋能优势，培育乡村发展新动能。充分发挥文创赋能文化再生产的优势，提升乡村建设文化质量。

（1）文创设计引领乡村规划与建设全过程。文化艺术体现了人们的创新和创意，在乡村中也体现在多方面，如乡风民俗、山泉林河、田园风光以及传说故事等，文创根植于此，更是用现代设计理念为乡村全面发展奠定文化基础，既包括在保留乡村传统民居街巷基础上建设美丽乡村，也包括融合打造新的文化空间（如乡村记忆馆等）。乡村特色文化资源的挖掘与活化，为推动乡村振兴提供更多元化的空间载体。

（2）文创设计助力乡村经济形态的发展。文化创意与农业产业有效融合，挖掘乡村产业的多元价值，激活农村经济的新形态，拓展农业产业发展空间，如文创引导下的艺术介入乡村振兴、艺术节庆的独特作用，提高农副产品的影响力，节庆文化 IP 服务各类农副产品的包装及营销，新经济形势下融合餐饮、健康等不同领域的文化体验类服务等都实现了文创对产业发展模式和形态的重塑。

（3）艺术介入激活乡村文化资源。乡村振兴借助艺术创意，实现乡村价值再发掘、文化景观再生产，实现乡村环境审美化的提升，乡村中特色民居建筑、田园景色等"人、文、地、产、景"要素，在艺术创意介入下，会把地方最具特征的形式体现出来，迸发新的活力，增强文化自信与民族自豪感。

（4）数字技术为乡村文创带来新动力。互联网和数字化潮流推动着传统文化积极向互联网经济的转型升级，乡村振兴也要借助数字经济增长的优势，获得新动能、新引擎。网络平台助力创意性产业发展，如品牌设计、营销推广、电商服务等服务类体系，成为农村创新创业致富的最主要的载体平台。

《农村人居环境整治三年行动方案》

中共中央办公厅、国务院办公厅印发了《农村人居环境整治三年行动方案》，并发出通知，要求各地区各部门结合实际认真贯彻落实。

《农村人居环境整治三年行动方案》全文如下。

改善农村人居环境，建设美丽宜居乡村，是实施乡村振兴战略的一项重要任务，事关全面建成小康社会，事关广大农民根本福祉，事关农村社会文明和谐。近年来，各地区各部门认真贯彻党中央、国务院决策部署，把改善农村人居环境作为社会主义新农村建设的重要内容，大力推进农村基础设施建设和城乡基本公共服务均等化，农村人居环境建设取得显著成效。同时，我国农村人居环境状况很不平衡，脏乱差问题在一些地区还比较突出，与全面建成小康社会要求和农民群众期盼还有较大差距，仍然是经济社会发展的突出短板。为加快推进农村人居环境整治，进一步提升农村人居环境水平，制定本方案。

一、总体要求

（一）指导思想。全面贯彻党的十九大精神，以习近平新时代中国特色社会主义思想为指导，紧紧围绕统筹推进"五位一体"总体布局和协调推进"四个全面"战略布局，牢固树立和贯彻落实新发展理念，实施乡村振兴战略，坚持农业农村优先发展，坚持绿水青山就是金山银山，顺应广大农民过上美好生活的期待，统筹城乡发展，统筹生产生活生态，以建设美丽宜居村庄为导向，以农村垃圾、污水治理和村容村貌提升为主攻方向，动员各方力量，整合各种资源，强化各项举措，加快补齐农村人居环境突出短板，为如期实现全面建成小康社会目标打下坚实基础。

（二）基本原则。

——因地制宜、分类指导。根据地理、民俗、经济水平和农民期盼，科学确定本地区整治目标任务，既尽力而为又量力而行，集中力量解决突出问题，做到干净整洁有序。有条件的地区可进一步提升人居环境质量，条件不具备的地区可按照实施乡村振兴战略的总体部署持续推进，不搞一刀切。确定实施易地搬迁的村庄、拟调整的空心村等可不列入整治范围。

——示范先行、有序推进。学习借鉴浙江等先行地区经验，坚持先易后难、先点后面，通过试点示范不断探索、不断积累经验，带动整体提升。加强规划引导，合理安排整治任务和建设时序，采用适合本地实际的工作路径和技术模式，防止一哄而上和生搬硬套，杜绝形象工程、政绩工程。

——注重保护、留住乡愁。统筹兼顾农村田园风貌保护和环境整治，注重乡土味道，强化地域文化元素符号，综合提升田水路林村风貌，慎砍树、禁挖山、不填湖、少拆房，保护乡情美景，促进人与自然和谐共生、村庄形态与自然环境相得益彰。

——村民主体、激发动力。尊重村民意愿，根据村民需求合理确定整治优先序和标准。建立政府、村集体、村民等各方共谋、共建、共管、共评、共享机制，动员村民投身美丽家园建设，保障村民决策权、参与权、监督权。发挥村规民约作用，强化村民环境卫生意识，提升村民参与人居环境整治的自觉性、积极性、主动性。

——建管并重、长效运行。坚持先建机制、后建工程，合理确定投融资模式和运行管护方式，推进投融资体制机制和建设管护机制创新，探索规模化、专业化、社会化运营机制，确保各类设施建成并长期稳定运行。

——落实责任、形成合力。强化地方党委和政府责任，明确省负总责、县抓落实，切实加强统筹协调，加大地方投入力度，强化监督考核激励，建立上下联动、部门协作、高效有力的工作推进机制。

（三）行动目标。到2020年，实现农村人居环境明显改善，村庄环境基本干净整洁有序，村民环境与健康意识普遍增强。

东部地区、中西部城市近郊区等有基础、有条件的地区，人居环境质量全面提升，基本实现农村生活垃圾处置体系全覆盖，基本完成农村户用厕所无害化改造，厕所粪污基本得到处理或资源化利用，农村生活污水治理率明显提高，村容村貌显著提升，管护长效机制初步建立。

中西部有较好基础、基本具备条件的地区，人居环境质量较大提升，力争实现90%左右的村庄生活垃圾得到治理，卫生厕所普及率达到85%左右，生活污水乱排乱放得到管控，村内道路通行条件明显改善。

地处偏远、经济欠发达等地区，在优先保障农民基本生活条件基础上，实现人居环境干净整洁的基本要求。

二、重点任务

（一）推进农村生活垃圾治理。统筹考虑生活垃圾和农业生产废弃物利用、处理，建立健全符合农村实际、方式多样的生活垃圾收运处置体系。有条件的地区要推行适合农村特点的垃圾就地分类和资源化利用方式。开展非正规垃圾堆放点排查整治，重点整治垃圾山、垃圾围村、垃圾围坝、工业污染"上山下乡"。

（二）开展厕所粪污治理。合理选择改厕模式，推进厕所革命。东部地区、中西部城市近郊区以及其他环境容量较小地区村庄，加快推进户用卫生厕所建设和改造，同步实施厕所粪污治理。其他地区要按照群众接受、经济适用、维护方便、不污染公共水体的要求，普及不同水平的卫生厕所。引导农村新建住房配套建设无害化卫生厕所，人口规模较大村庄配套建设公共厕所。加强改厕与农村生活污水治理的有效衔接。鼓励各地结合实际，将厕所粪污、畜禽养殖废弃物一并处理并资源化利用。

（三）梯次推进农村生活污水治理。根据农村不同区位条件、村庄人口聚集程度、污水产生规模，因地制宜采用污染治理与资源利用相结合、工程措施与生态措施相结合、集中与分散相结合的建设模式和处理工艺。推动城镇污水管网向周边村庄延伸覆盖。积极推广低成本、低能耗、易维护、高效率的污水处理技术，鼓励采用生态处理工艺。加强生活污水源头减量和尾水回收利用。以房前屋后河塘沟渠为重点实施清淤疏浚，采取综合措施恢复水生态，逐步消除农村黑臭水体。将农村水环境治理纳入河长制、湖长制管理。

（四）提升村容村貌。加快推进通村组道路、入户道路建设，基本解决村内道路泥泞、村民出行不便等问题。充分利用本地资源，因地制宜选择路面材料。整治公共空间和庭院环境，消除私搭乱建、乱堆乱放。大力提升农村建筑风貌，突出乡土特色和地域民族特点。加大传统村落民居和历史文化名村名镇保护力度，弘扬传统农耕文化，提升田园风光品质。推进村庄绿化，充分利用闲置土地组织开展植树造林、湿地恢复等活动，建设绿色生态村庄。完善村庄公共照明设施。深入开展城乡环境卫生整洁行动，推进卫生县城、卫生乡镇等卫生创建工作。

（五）加强村庄规划管理。全面完成县域乡村建设规划编制或修编，与县乡土地利用总体规划、土地整治规划、村土地利用规划、农村社区建设规划等充分衔接，鼓励推行多规合一。推进实用性村庄规划编制实施，做到农房建设有规划管理、行政村有村庄整治安排、生产生活空间合理分离，优化村庄功能布局，实现村庄规划管理基本覆盖。推行政府组织领导、村委会发挥主体作用、技术单位指导的村庄规划编制机制。村庄规划的主要内容应纳入村规民约。加强乡村建设规划许可管理，建立健全违法用地和建设查处机制。

（六）完善建设和管护机制。明确地方党委和政府以及有关部门、运行管理单位责任，基本建立有制度、有标准、有队伍、有经费、有督查的村庄人居环境管护长效机制。鼓励专业化、市场化建设和运行管护，有条件的地区推行城乡垃圾污水处理统一规划、统一建设、统一运行、统一管理。推行环境治理依效付费制度，健全服务绩效评价考核机制。鼓励有条件的地区探索建立垃圾污水处理农户付费制度，完善财政补贴和农户付费合理分担机制。支持村级组织和农村"工匠"带头人等承接村内环境整治、村内道路、植树造林等小型涉农工程项目。组织开展专业化培训，把当地村民培养成为村内公益性基础设施运行维护的重要力量。简化农村人居环境整治建设项目审批和招投标程序，降低建设成本，确保工程质量。

三、发挥村民主体作用

（一）发挥基层组织作用。发挥好基层党组织核心作用，强化党员意识、标杆意识，带领农民群众推进移风易俗、改进生活方式、提高生活质量。健全村民自治机制，充分运用"一事一议"民主决策机制，完善农村人居环境整治项目公示制度，保障村民权益。鼓励农村集体经济组织通过依法盘活集体经营性建设用地、空闲农房及宅基地等途径，多渠道筹措资金用于农村人居环境整治，营造清洁有序、健康宜居的生产生活环境。

（二）建立完善村规民约。将农村环境卫生、古树名木保护等要求纳入村规民约，通过群众评议等方式褒扬乡村新风，鼓励成立农村环保合作社，深化农民自我教育、自我管理。明确农民维护公共环境责任，庭院内部、房前屋后环境整治由农户自己负责；村内公共空间整治以村民自治组织或村集体经济组织为主，主要由农民投工投劳解决，鼓励农民和村集体经济组织全程参与农村环境整治规划、建设、运营、管理。

（三）提高农村文明健康意识。把培育文明健康生活方式作为培育和践行社会主义核心价值观、开展农村精神文明建设的重要内容。发挥爱国卫生运动委员会等组织作用，鼓励群众讲卫生、树新风、除陋习，摒弃乱扔、乱吐、乱贴等不文明行为。提高群众文明卫生意识，营造和谐、文明的社会新风尚，使优美的生活环境、文明的生活方式成为农民内在自觉要求。

四、强化政策支持

（一）加大政府投入。建立地方为主、中央补助的政府投入体系。地方各级政府要统筹整合相关渠道资金，加大投入力度，合理保障农村人居环境基础设施建设和运行资金。中央财政要加大投入力度。支持地方政府依法合规发行政府债券筹集资金，用于农村人居环境整治。城乡建设用地增减挂钩所获土地增值收益，按相关规定用于支持农业农村发展和改善农民生活条件。村庄整治增加耕地获得的占补平衡指标收益，通过支出预算统筹安排支持当地农村人居环境整治。创新政府支持方式，采取以奖代补、先建后补、以工代赈等多种方式，充分发挥政府投资撬动作用，提高资金使用效率。

（二）加大金融支持力度。通过发放抵押补充贷款等方式，引导国家开发银行、中国农业发展银行等金融机构依法合规提供信贷支持。鼓励中国农业银行、中国邮政储蓄银行等商业银行扩大贷款投放，支持农村人居环境整治。支持收益较好、实行市场化运作的农村基础设施重点项目开展股权和债权融资。积极利用国际金融组织和外国政府贷款建设农村人居环境设施。

（三）调动社会力量积极参与。鼓励各类企业积极参与农村人居环境整治项目。规范推广政府和社会资本合作（PPP）模式，通过特许经营等方式吸引社会资本参与农村垃圾污水处理项目。引导有条件的地区将农村环境基础设施建设与特色产业、休闲农业、乡村旅游等有机结合，实现农村产业融合发展与人居环境改善互促互进。引导相关部门、社会组织、个人通过捐资捐物、结对帮扶等形式，支持农村人居环境设施建设和运行管护。倡导新乡贤文化，以乡情乡愁为纽带吸引和凝聚各方人士支持农村人居环境整治。

（四）强化技术和人才支撑。组织高等学校、科研单位、企业开展农村人居环境整治关键技术、工艺和装备研发。分类分级制定农村生活垃圾污水处理设施建设和运行维护技术指南，编制村容村貌提升技术导则，开展典型设计，优化技术方案。加强农村人居环境项目建设和运行管理人员技术培训，加快培养乡村规划设计、项目建设运行等方面的技术和管理人才。选派规划设计等专业技术人员驻村指导，组织开展企业与县、乡、村对接农村环保实用技术和装备需求。

五、扎实有序推进

（一）编制实施方案。各省（自治区、直辖市）要在摸清底数、总结经验的基础上，抓紧编制或修订省级农村人居环境整治实施方案。省级实施方案要明确本地区目标任务、责任部门、资金筹措方案、农民群众参与机制、考核验收标准和办法等内容。特别是要对照本行动方案提出的目标和六大重点任务，以县（市、区、旗）为单位，从实际出发，对具体目标和重点任务作出规划。扎实开展整治行动前期准备，做好引导群众、建立机制、筹措资金等工作。各省（自治区、直辖市）原则上要在 2018 年 3 月底前完成实施方案编制或修订工作，并报住房城乡建设部、环境保护部、国家发展改革委备核。中央有关部门要加强对实施方案编制工作的指导，并将实施方案中的工作目标、建设任务、体制机制创新等作为督导评估和安排中央投资的重要依据。

（二）开展典型示范。各地区要借鉴浙江"千村示范万村整治"等经验做法，结合本地实践深入开展试点示范，总结并提炼出一系列符合当地实际的环境整治技术、方法，以及能复制、易推广的建设和运行管护机制。中央有关部门要切实加强工作指导，引导各地建设改善农村人居环境示范村，建成一批农村生活垃圾分类和资源化利用示范县（市、区、旗）、农村生活污水治理示范县（市、区、旗），加强经验总结交流，推动整体提升。

（三）稳步推进整治任务。根据典型示范地区整治进展情况，集中推广成熟做法、技术路线和建管模式。中央有关部门要适时开展检查、评估和督导，确保整治工作健康有序推进。在方法技术可行、体制机制完善的基础上，有条件的地区可根据财力和工作实际，扩展治理领域，加快整治进度，提升治理水平。

六、保障措施

（一）加强组织领导。完善中央部署、省负总责、县抓落实的工作推进机制。中央有关部门要根据本方案要求，出台配套支持政策，密切协作配合，形成工作合力。省级党委和政府对本地区农村人居环境整治工作负总责，要明确牵头责任部门、实施主体，提供组织和政策保障，做好监督考核。要强化县级党委和政府主体责任，做好项目落地、资金使用、推进实施等工作，对实施效果负责。市地级党委和政府要做好上下衔接、域内协调和督促检查等工作。乡镇党委和政府要做好具体组织实施工作。各地在推进易地扶贫搬迁、农村危房改造等相关项目时，要将农村人居环境整治统筹考虑、同步推进。

（二）加强考核验收督导。各省（自治区、直辖市）要以本地区实施方案为依据，制定考核验收标准和办法，以县为单位进行检查验收。将农村人居环境整治工作纳入本省（自治区、直辖市）政府目标责任考核范围，作为相关市县干部政绩考核的重要内容。住房城乡建设部要会同有关部门，根据省级实施方案及明确的目标任务，定期组织督导评估，评估结果向党中央、国务院报告，通报省级政府，并以适当形式向社会公布。将农村人居环境作为中央环保督察的重要内容。强化激励机制，评估督察结果要与中央支持政策直接挂钩。

（三）健全治理标准和法治保障。健全农村生活垃圾污水治理技术、施工建设、运行维护等标准规范。各地区要区分排水方式、排放去向等，分类制定农村生活污水治理排放标准。研究推进农村人居环境建设立法工作，明确农村人居环境改善基本要求、政府责任和村民义务。鼓励各地区结合实际，制定农村垃圾治理条例、乡村清洁条例等地方性法规规章和规范性文件。

（四）营造良好氛围。组织开展农村美丽庭院评选、环境卫生光荣榜等活动，增强农民保护人居环境的荣誉感。充分利用报刊、广播、电视等新闻媒体和网络新媒体，广泛宣传推广各地好典型、好经验、好做法，努力营造全社会关心支持农村人居环境整治的良好氛围。

参 考 文 献

［1］ 宁志中. 中国乡村地理［M］. 北京：中国建筑工业出版社，2019.

［2］ 王亚华，苏毅清. 乡村振兴：中国农村发展新战略［J］. 中央社会主义学院学报，
2017（6）：49-55.

［3］ 孟德拉斯. 农民的终结［M］. 李培林，译. 北京：中国社会科学文献出版社. 2010.

［4］ 中共中央马克思恩格斯列宁斯大林著作编译局. 马克思恩格斯选集［M］. 北京：人
民出版社. 2012.

［5］ 中共中央马克思恩格斯列宁斯大林著作编译局. 列宁选集［M］. 北京：人民出版
社. 2012.

［6］ 范建华. 乡村振兴战略的时代意义［J］. 行政管理改革，2018（2）：16-21.

［7］ 鲁迅. 故乡［M］. 北京：中国文联出版社，2020.

［8］ 托马斯·莫尔. 乌托邦［M］. 戴镏龄，译. 北京：商务印书馆，1982.

［9］ 李周. 乡村振兴战略的主要含义、实施策略和预期变化［J］. 求索，2018（2）：
44-50.

［10］ 罗伯特·雷德菲尔德. 农村社会与文化［M］. 王莹，译. 北京：中国社会科学出版
社，2013.

［11］ 潘玥. 保罗·奥利弗《世界风土建筑百科全书》评述［J］. 时代建筑，2019（2）：
172-173.

［12］ 刘沛林. 人居文化学：人类聚居学的新主题［J］. 衡阳师专学报（社会科学），1998
（1）：12-16.

［13］ 吴良镛. 人居环境科学导论［M］. 北京：中国建筑工业出版社，2001：40-48.

［14］ 李伯华，曾菊新，胡娟. 乡村人居环境研究进展与展望［J］. 地理与地理信息科学，
2008（5）：70-74.

［15］ 彭震伟，陆嘉. 基于城乡统筹的农村人居环境发展［J］. 城市规划，2009，33（5）：
66-68.

［16］ 王成新，姚士谋，陈彩虹. 中国农村聚落空心化问题实证研究［J］. 地理科学，2005
（3）：3257-3262.

［17］ 甘枝茂，岳大鹏，甘锐，等. 陕北黄土丘陵区乡村聚落土壤水蚀观测分析［J］. 地理
学报，2005（3）：519-525.

［18］ 陈玉平. 乡村社会转型与民俗文化变迁［J］. 贵州民族学院学报（社会科学版），
1998（1）：58-62.

［19］ 朱康对. 城市化进程中乡村社会结构变迁和文化转型：转型期温州农村社会发展考察
［J］. 当代世界社会主义问题，2002（1）：44-51.

［20］ 顾姗姗. 乡村人居环境空间规划研究［D］. 苏州：苏州科技学院，2007.

[21]　王德刚. 旅游学概论 [M]. 北京：清华大学出版社，2012：24 - 25.

[22]　谢彦君. 基础旅游学 [M]. 北京：中国旅游出版社，2004：57 - 58.

[23]　曹诗图. 旅游哲学引论 [M]. 天津：南开大学出版社，2008：44 - 51.

[24]　袁美昌. 旅游通论 [M]. 天津：南开大学出版社，2011：40 - 45.

[25]　王洪滨. 旅游学概论 [M]. 北京：中国旅游出版社，2004：2 - 8.

[26]　杨振之. 再论旅游的本质 [J]. 旅游学刊，2022，37 (4)：140 - 152.

[27]　曹国新，汪忠烈，刘蕾. 论旅游学的定义：一种基于本体论的考察 [J]. 江西财经大学学报，2005 (3)：61 - 63，67.

[28]　BILL B BERNARD L. Rural Tourism and Sustainable Rural Developmen [M]. UK：Channel View Publications，1994.

[29]　熊凯. 乡村意象与乡村旅游开发刍议 [J]. 地域研究与开发，1999 (3)：70 - 73.

[30]　王兵. 从中外乡村旅游的现状对比看我国乡村旅游的未来 [J]. 旅游学刊，1999 (2)：38 - 42，79.

[31]　杜江，向萍. 关于乡村旅游可持续发展的思考 [J]. 旅游学刊，1999 (1)：15 - 18，73.

[32]　唐召英，阳宁光. 论城郊乡村旅游发展的动力机制及可持续发展对策 [J]. 农业环境与发展，2007 (6)：36 - 38.

[33]　吴冠岑，牛星，许恒周. 乡村土地旅游化流转的风险评价研究 [J]. 经济地理，2013，33 (3)：187 - 191.

[34]　王娜，鲁峰. 乡村旅游发展的动力机制探讨 [J]. 桂林旅游高等专科学校学报，2006 (6)：706 - 708.

[35]　潘顺安. 中国乡村旅游驱动机制与开发模式研究 [D]. 长春：东北师范大学，2007.

[36]　郭建英，李丽娜. 移民村里的幸福生活：江西泰和县移民扶贫渐入佳境 [J]. 老区建设，2009 (23)：13 - 15.

[37]　王云才，许春霞，郭焕成. 论中国乡村旅游发展的新趋势 [J]. 干旱区地理，2005 (6)：862 - 868.

[38]　池静，崔凤军. 乡村旅游地发展过程中的"公地悲剧"研究：以杭州梅家坞、龙坞茶村、山沟沟景区为例 [J]. 旅游学刊，2006 (7)：17 - 23.

[39]　万静. 旅游业对风景旅游城市人居环境的影响分析 [J]. 北京林业大学学报 (社会科学版)，2009，8 (1)：58 - 62.

[40]　张骏，古风，卢凤萍. 基于人居环境资源视角的城市旅游吸引力要素研究 [J]. 资源科学，2011，33 (3)：556 - 563.

[41]　杨兴柱，王群. 皖南旅游区乡村人居环境质量评价及影响分析 [J]. 地理学报，2013，68 (6)：851 - 867.

[42]　李伯华，刘沛林，窦银娣，等. 景区边缘型乡村旅游地人居环境演变特征及影响机制研究：以大南岳旅游圈为例 [J]. 地理科学，2014，34 (11)：1353 - 1360.

[43]　温宝蕾. 农村人居环境与乡村旅游耦合评价指标体系构建及应用：以山东省为例 [J]. 武汉商学院学报，2021，35 (5)：24 - 28.

[44]　向丽，胡珑瑛. 长江经济带旅游产业与城市人居环境耦合协调研究 [J]. 经济问题探索，2018 (4)：80 - 89.

[45] ARIE R ODED L W, ADY M. Rural tourism in Israel: Service quality and orientation [J]. Tourism Management 21, 2000: 451-459.

[46] 全国农村人居环境浙江第一 [N]. 浙江新闻, 2020-06-03.

[47] 陈呈奕, 张文忠, 湛东升, 等. 环渤海地区城市人居环境质量评估及影响因素 [J]. 地理科学进展, 2017 (12): 1562-1570.

[48] 毕硕本, 凌德泉, 计晗, 等. 郑洛地区史前聚落遗址人居环境宜居度指数模糊综合评价 [J]. 地理科学, 2017 (6): 904-911.

[49] 郜彗, 金家胜, 李锋, 等. 中国省域农村人居环境建设评价及发展对策 [J]. 生态与农村环境学报, 2015, 31 (6): 835-843.

[50] CHOI H C, SIRAKAYA E. Sustainability indicators for managing community tourism [J]. Tourism Management, 2006, 27 (6): 1274-1289.

[51] MILLER G. The development of indicators for sustainable tourism: Results of a Delphi survey of tourism researchers [J]. Tourism Management, 2001, 22 (4): 351-362.

[52] FLEISCHER A, FELSENSTEIN D. Support for rural tourism: Does it make a difference [J]. Annals of Tourism Research, 2000, 27 (4): 1007-1024.

[53] 标准委网站. 七部委印发《关于推动农村人居环境标准体系建设的指导意见》 [EB/OL]. 2021-01-25 [2021-08-12].

[54] 郭焕成, 刘军萍, 王云才. 观光农业发展研究 [J]. 经济地理, 2000 (2): 119-124.

[55] 毕明岩. 乡村文化基因传承路径研究 [D]. 苏州: 苏州科技学院, 2011.

[56] 骆宇, 金晓莉, 赵一鸣, 等. 美丽乡村建设下乡村文化传承的空间策略 [J]. 规划师, 2016, 32 (S2): 237-242.

[57] 何成军, 李晓琴, 银元. 休闲农业与美丽乡村耦合度评价指标体系构建及应用 [J]. 地域研究与开发, 2016, 35 (5): 158-162.

[58] 丛小丽, 黄悦, 刘继生. 吉林省生态旅游与旅游环境耦合协调度的时空演化研究 [J]. 地理科学, 2019, 39 (3): 496-505.

[59] 刘耀彬, 李仁东, 宋学锋. 中国城市化与生态环境耦合度分析 [J]. 自然资源学报, 2005 (1): 105-112.

[60] 廖重斌. 环境与经济协调发展的定量评判及其分类体系: 以珠江三角洲城市群为例 [J]. 热带地理, 1999 (2): 76-82.

[61] 董文静, 王昌森, 张震. 山东省乡村振兴与乡村旅游时空耦合研究 [J]. 地理科学, 2020, 40 (4): 628-636.

[62] 王海红, 李乐锋, 姜宏. 山东省确定首批 8 个美丽乡村建设试点县 [EB/OL]. (2013-09-28) [2021-08-11].

[63] 中共中央办公厅 国务院办公厅转发《中央农办、农业农村部、国家发展改革委关于深入学习浙江"千村示范、万村整治"工程经验 扎实推进农村人居环境整治工作的报告》[EB/OL]. 2019-03-06 [2021-08-12].

[64] 王南方. 山东省乡村旅游现状与发展策略研究 [D]. 济南: 山东大学, 2013.

[65] 周玲强, 黄祖辉. 我国乡村旅游可持续发展问题与对策研究 [J]. 经济地理, 2004 (4): 572-576.

[66] 中华人民共和国中央人民政府. 中共中央 国务院印发《乡村振兴战略规划 (2018—

2022 年）》〔EB/OL〕. 2018 – 09 – 26〔2021 – 08 – 05〕.

[67] 界面新闻. 乡村振兴战略规划提出推进农村环境治理"垃圾围村"困境何解？〔EB/OL〕. 2018 – 10 – 01〔2021 – 08 – 05〕.

[68] 王浩. 基于旅游导向的村庄原生性空间塑造研究〔D〕. 武汉：武汉工程大学.

[69] 中华人民共和国国家发展和改革委员会. 关于印发《促进乡村旅游发展提质升级行动方案（2018—2020 年）》的通知〔EB/OL〕. 2018 – 10 – 15〔2021 – 08 – 0〕.

[70] 人民网. 世界旅游日看中国：旅游业重振助市场复苏〔EB/OL〕. 2020 – 09 – 28〔2021 – 08 – 05〕.

[71] 于法稳. 乡村振兴战略下农村人居环境整治〔J〕. 中国特色社会主义研究，2019，146（2）：80 – 85.

[72] 于法稳，侯效敏，郝信波. 新时代农村人居环境整治的现状与对策〔J〕. 郑州大学学报（哲学社会科学版），2018，51（3）：64 – 68.

[73] 川观新闻. 如何推进农村人居环境整治提升？须做好这几件事〔EB/OL〕.（2021 – 04 – 21）〔2021 – 08 – 05〕.

[74] 张军红，徐义萍. 基于农业可持续发展的田园综合体模式探讨〔J〕. 农技服务，2017（15）.

[75] 袁涛，赵雷. 中国江苏网-村庄规划怎么做？江苏省自然资源厅出台"指南"助力乡村振兴〔EB/OL〕. 2020 – 08 – 20〔2021 – 08 – 05〕.

[76] 崔昕. 全域旅游理念下农村人居环境整治与乡村旅游开发的有机结合〔J〕. 农业经济，2020（9）：3.

[77] 履行财政保障职能助力建设美丽农村〔J〕. 山西财税，2021，510（8）：66.

[78] 徐俊丽，钱颖，吴诗雨. 以人才振兴带动乡村振兴：日本和韩国的经验及其启示〔J〕. 中国农业会计，2021，357（4）：2 – 4.

[79] 丁建. 推进普惠金融服务助力乡村振兴的思考〔J〕. 粮食问题研究，2021，237（3）：50 – 53.

[80] 张亚芹. 进一步加强涉农资金统筹整合利用〔J〕. 北京观察，2020，362（12）：53.

[81] 本刊记者. 山东加强涉农项目推介 积极争取金融支持〔J〕. 山东农机化，2021，342（1）：6.

[82] 石化清. 以财政改革支持巩固脱贫成果 推进实施乡村振兴战略〔J〕. 中国财政，2020，819（22）：45 – 47.

[83] 陈兵兵，李炳程. 广西实施乡村振兴战略的金融支持研究〔J〕. 区域金融研究，2021，588（7）：30 – 35.

[84] 于法稳. 新型城镇化背景下农村生态治理的对策研究〔J〕. 城市与环境研究，2017，12（2）：34 – 49.

[85] 鞠昌华，朱琳，朱洪标，等. 我国农村人居环境整治配套经济政策不足与对策〔J〕. 生态经济，2015，300（12）：155 – 158.

[86] 鞠洪良，孙钰. 我国农村环境保护投融资机制中的问题及对策研究〔J〕. 农村经济，2010，337（11）：67 – 70.

[87] 马颖. 农村环保设施建设的融资研究〔J〕. 湖北经济学院学报（人文社会科学版），2009，56（2）：43 – 45.

［88］ 左正龙. 绿色低碳金融服务乡村振兴的机理、困境及路径选择：基于城乡融合发展视角［J/OL］. 当代经济管理：1-12［2021-11-30］.

［89］ 冯兴元，鲍曙光，孙同全. 社会资本参与乡村振兴与农业农村现代化［J/OL］. 财经问题研究：1-11［2021-11-30］.

［90］ 周振，涂圣伟，张义博. 工商资本参与乡村振兴的趋势、障碍与对策：基于8省14县的调研［J］. 宏观经济管理，2019，423（3）：58-65.

［91］ 冯楠. 农村人居环境整治与乡村旅游开发结合的问题与出路［J］. 农业经济，2022（8）：63-64.

［92］ 李伯华，李雪，王莎，等. 乡村振兴视角下传统村落人居环境转型发展研究［J］. 湖南师范大学自然科学学报，2022，45（1）：1-10.

［93］ 岳一然. 乡村旅游影响下鲁西南传统村落人居环境更新评价研究［D］. 西安：西安建筑科技大学，2021.

［94］ 李裕瑞，张轩畅，陈秧分，等. 人居环境质量对乡村发展的影响：基于江苏省村庄抽样调查截面数据的分析［J］. 中国人口·资源与环境，2020，30（8）：158-167.

［95］ 王建华，沈旻旻，朱淀. 环境综合治理背景下农村居民亲环境行为研究［J］. 中国人口·资源与环境，2020，30（7）：128-139.

［96］ 李伯华，刘传明，曾菊新. 乡村人居环境的居民满意度评价及其优化策略研究：以石首市久合垸乡为例［J］. 人文地理，2009，24（1）：28-32.

［97］ 杨兴柱. 基于城乡统筹的乡村旅游地人居环境建设［J］. 旅游学刊，2011，26（11）：9-10.

［98］ 崔昕. 全域旅游理念下农村人居环境整治与乡村旅游开发的有机结合［J］. 农业经济，2020（9）：43-45.

［99］ 吴吉林，周春山，谢文海. 传统村落农户乡村旅游适应性评价与影响因素研究：基于湘西州6个村落的调查［J］. 地理科学，2018，38（5）：755-763.

［100］ 吴巧红. 后现代视角下的乡村旅游［J］. 旅游学刊，2014，29（8）：7-9.

［101］ 吴吉林，刘水良，周春山. 乡村旅游发展背景下传统村落农户适应性研究：以张家界4个村为例［J］. 经济地理，2017，37（12）：232-240.

［102］ 唐正君，王茜. 浅谈生态保护型美丽乡村规划策略［J］. 建材与装饰，2015（38）：249-250.

［103］ 郑阳. 城市视线通廊控制方法研究［D］. 西安：长安大学，2013.

［104］ 董占军. 艺术设计介入美丽乡村建设的原则与路径［J］. 山东师范大学学报（社会科学版），2021，66（1）：101-108.